元素の覚え方！

$_1$H $_2$He $_3$Li $_4$Be $_5$B $_6$C $_7$N $_8$O $_9$F $_{10}$Ne $_{11}$Na $_{12}$Mg $_{13}$Al $_{14}$Si $_{15}$P $_{16}$S $_{17}$Cl $_{18}$Ar $_{19}$K $_{20}$Ca

水 兵 リーベ 僕 の 船 ななまが(あ)りシップスクラー ク か

典型元素

10	11	12	13				18	族/周期

原子番号1〜20の元素名は覚えよう！

| | | | | | | | ヘリウム $_2$He 4.003 | 1 |

| | | | ホウ素 $_5$B 10.81 | 炭素 $_6$C 12.01 | 窒素 $_7$N 14.01 | 酸素 $_8$O 16.00 | フッ素 $_9$F 19.00 | ネオン $_{10}$Ne 20.18 | 2 |

| | | | アルミニウム $_{13}$Al 26.98 | ケイ素 $_{14}$Si 28.09 | リン $_{15}$P 30.97 | 硫黄 $_{16}$S 32.07 | 塩素 $_{17}$Cl 35.45 | アルゴン $_{18}$Ar 39.95 | 3 |

| ニッケル $_{28}$Ni 58.69 | 銅 $_{29}$Cu 63.55 | 亜鉛 $_{30}$Zn 65.38 | ガリウム $_{31}$Ga 69.72 | ゲルマニウム $_{32}$Ge 72.63 | ヒ素 $_{33}$As 74.92 | セレン $_{34}$Se 78.97 | 臭素 $_{35}$Br 79.90 | クリプトン $_{36}$Kr 83.80 | 4 |

| パラジウム $_{46}$Pd 106.4 | 銀 $_{47}$Ag 107.9 | カドミウム $_{48}$Cd 112.4 | インジウム $_{49}$In 114.8 | スズ $_{50}$Sn 118.7 | アンチモン $_{51}$Sb 121.8 | テルル $_{52}$Te 127.6 | ヨウ素 $_{53}$I 126.9 | キセノン $_{54}$Xe 131.3 | 5 |

| 白金 $_{78}$Pt 195.1 | 金 $_{79}$Au 197.0 | 水銀 $_{80}$Hg 200.6 | タリウム $_{81}$Tl 204.4 | 鉛 $_{82}$Pb 207.2 | ビスマス $_{83}$Bi 209.0 | ポロニウム $_{84}$Po (210) | アスタチン $_{85}$At (210) | ラドン $_{86}$Rn (222) | 6 |

| ダームスタチウム $_{110}$Ds (281) | レントゲニウム $_{111}$Rg (280) | コペルニシウム $_{112}$Cn (285) | ニホニウム $_{113}$Nh (278) | フレロビウム $_{114}$Fl (289) | モスコビウム $_{115}$Mc (289) | リバモリウム $_{116}$Lv (293) | テネシン $_{117}$Ts (293) | オガネソン $_{118}$Og (294) | 7 |

ユウロピウム $_{63}$Eu 152.0	ガドリニウム $_{64}$Gd 157.3	テルビウム $_{65}$Tb 158.9	ジスプロシウム $_{66}$Dy 162.5	ホルミウム $_{67}$Ho 164.9	エルビウム $_{68}$Er 167.3	ツリウム $_{69}$Tm 168.9	イッテルビウム $_{70}$Yb 173.0	ルテチウム $_{71}$Lu 175.0
アメリシウム $_{95}$Am (243)	キュリウム $_{96}$Cm (247)	バークリウム $_{97}$Bk (247)	カリホルニウム $_{98}$Cf (252)	アインスタイニウム $_{99}$Es (252)	フェルミウム $_{100}$Fm (257)	メンデレビウム $_{101}$Md (258)	ノーベリウム $_{102}$No (259)	ローレンシウム $_{103}$Lr (262)

ここに示した4桁の原子量は，IUPACで承認された最新の原子量表をもとに，日本化学会原子量専門委員会が作成したものである。安定同位体がなく，天然で特定の同位体組成を示さない元素は，その元素の放射性同位体の質量数の一例を（　）の中に示してある。

化192

チャート式® 問題集シリーズ

35日完成! 大学入学共通テスト対策

化学基礎

数研出版編集部 編

本書の特色

● **大学入学共通テストの対策を1日1項目，35日で完成！**
CHART →例題→問題の流れで，大学入学共通テストに必要な
知識がしっかり定着します。また，演習問題に挑戦することで，
より理解が深まります。

● **大学入学共通テスト対策に，「実践問題」を収録！**
大学入学共通テストの新傾向問題を出題形式別に分類し，実践
問題として収録。本番の試験を意識しながら学習できます。

● **別冊は用語集＆チェックリスト！**
本冊でわからない用語を調べたり，持ち運んで空き時間に効率
よく学習したりできます。

数研出版

この本の使い方

日付欄
取り組んだ日や，できるようになった日などを記入しよう！

今日勉強する内容で大事な用語が載っているよ！
しっかり覚えよう！

CHART
大学入学共通テストの問題を解く際に，ポイントになる知識をまとめているよ！まずは，**CHART**をしっかりおさえよう！

Let's Read!
CHARTで学んだことを使って，実際に出題された問題を中心とした例題にチャレンジしてみよう！
まずは，問題文をしっかり読んでみよう！

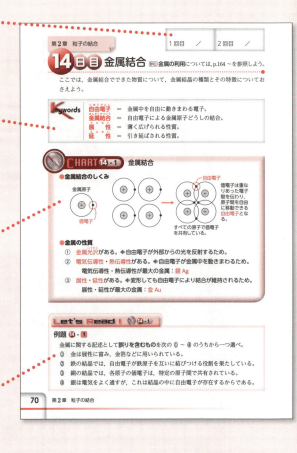

マークについて
発展…化学基礎の内容と深く関連性があり，その理解を助けると思われる項目・問題に付いているよ！
参◯…より詳しく書いているページを示しているよ！

2　この本の使い方

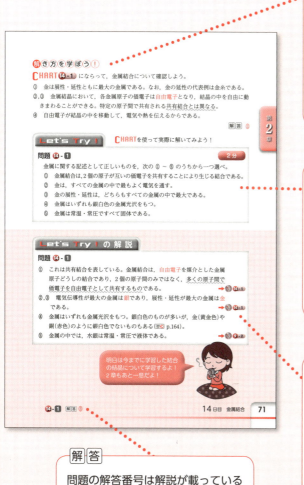

解き方を学ぼう！

例題の解説が載っているよ！
まずは、1回目は読みながら、または、ノートに解説を写しながら、解き方をマスターしよう！
2回目はノートなどで隠してから、例題を解いてみよう！

Let's Try !

CHART でポイントをおさえ、例題で解き方のコツをつかんだうえで、実際に出題された問題や、練習問題にチャレンジしてみよう！
右上に解答時間の目安（ 2分 など）があるよ！

Let's Try ! の解説

問題の解説を載せているよ！
一目でわかるようにまわりを赤色の背景にしてあるので、ノートなどで隠して問題にチャレンジし、解き終わってから解説を読もう！
つまずいたら、該当 CHART（→ 1-1 ）に戻ろう！

解答

問題の解答番号は解説が載っているページの下にあるよ！
解き終わってから確認しよう！

数研 Library －数研の教材をスマホ・タブレットで学習－

アプリ「数研 Library」では、別冊付録に収録されている「用語集」をスマートフォンやタブレット端末で学習できます（無料）。

より詳しくは、数研出版スマホサイトへ！

この本の使い方　3

実践問題

CHART で学んだことを生かしながら，大学入学共通テストの新傾向問題にチャレンジしてみよう！

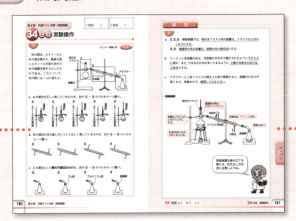

問題
これまでに学習した **CHART** を使って実践的な問題に取り組んでみよう！
解けなかった問題は，例題に戻って，もう一度復習しよう！

解説
左ページの問題の解説を載せているよ！
一目でわかるようにまわりを色付きの背景にしてあるので，ノートなどで隠して問題にチャレンジし，解き終わってから解説を読もう！
1回目に取り組むときは，解説を見ながら解いてもいいよ！

演習問題

時間のあるときや直前に，**CHART** が身についているか，力試しとして挑戦してみよう！

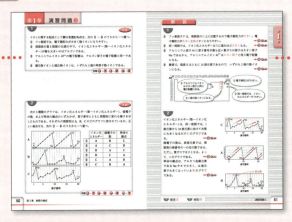

4　この本の使い方

目　次

第1章　物質の構成

1日目	物質の分類	6
2日目	物質の分離・精製	11
3日目	物質の三態	15
4日目	原子の構造と同位体	17
5日目	電子配置と価電子	21
	演習問題①	26
6日目	イオン	30
7日目	イオン化エネルギーと電子親和力	36
8日目	原子とイオンの大きさ	40
9日目	元素の周期表	44
10日目	同族元素	48
	演習問題②	50

第2章　粒子の結合

11日目	イオン結合	54
12日目	共有結合と分子の極性	58
13日目	配位結合	66
14日目	金属結合	70
15日目	化学結合と結晶の性質	72
	演習問題	76

第3章　物質量と化学反応式

16日目	原子量と分子量と式量	80
17日目	物質量とモル質量	84
18日目	モル体積・気体の密度	88
19日目	固体の溶解度・再結晶	92
20日目	質量パーセント濃度とモル濃度	96
21日目	化学反応式の係数と意味	101
22日目	化学の基礎法則	106
	演習問題	110

第4章　酸と塩基の反応

23日目	酸と塩基	114
24日目	水の電離と水溶液の pH	119
25日目	中和反応	124
26日目	中和滴定	127
27日目	塩の性質	135
	演習問題	140

第5章　酸化還元反応

28日目	酸化と還元	144
29日目	酸化剤・還元剤の反応	151
30日目	金属の酸化還元反応	155
	演習問題	160

第6章　共通テスト対策

31日目	化学と人間生活	164
32日目	グラフの読み取り	168
33日目	資料の読み取り	174
34日目	実験操作	180
35日目	読解問題	186

目次　**5**

第1章 物質の構成

| 1回目 / | 2回目 / |

1日目 物質の分類

ここでは，物質がどのように分類できるのかについて考えていこう。

Keywords

- **純物質** ＝ 1種類の**物質**からできている物質。
- **混合物** ＝ 2種類以上の**物質**が混ざってできているもの。
- **元素** ＝ 物質を構成する原子の種類。
- **単体** ＝ 1種類の元素からできている純物質。
- **化合物** ＝ 2種類以上の元素からできている純物質。
- **同素体** ＝ 同じ元素からできている単体で，性質の異なるもの。

CHART 1-1 物質の分類

ここがポイント 含まれる物質をすべて化学式で書いてみよう。

単体は，A₂(＝AA)のように1種類の元素記号で表され，さらに，1種類の物質からできている(→純物質)んじゃ！

H₂O つまり HHO は化合物，O₃ つまり OOO は単体だね！混合物は「A₂ と AB」のようになるから，一つの化学式では表されないんだね！

6　第1章　物質の構成

Let's Read! 1-1

例題 1-1
[センター試験 改]

純物質・混合物に関する記述として**誤りを含むもの**を，次の ① ～ ⑤ のうちから一つ選べ。

① ドライアイスは化合物である。
② オゾンは純物質である。
③ 塩酸は混合物である。
④ 純物質を構成する元素の組成は，常に一定である。
⑤ 互いに同素体である酸素とオゾンからなる気体は，純物質である。

解き方を学ぼう！

①～③，⑤　各物質を化学式で書いてみよう。

物質名	化学式
① ドライアイス（固体の二酸化炭素 CO_2）	CO_2
② オゾン	O_3
③ 塩酸（塩化水素 HCl の水溶液）	HCl と H_2O
⑤ 酸素とオゾンからなる気体	O_2 と O_3

CHART 1-1 にならって，各物質を分類してみよう。

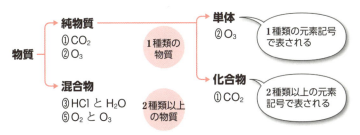

この分類より，⑤ は酸素とオゾンの混合物である。

④　純物質は1種類の物質からできている物質で，元素の組成（割合のこと）は常に一定である。

解答 ⑤

CHART 1-2 同素体

同素体をもつ代表的な元素 SCOP（スコップと覚えよう）とその同素体

元素	硫黄 S	炭素 C	酸素 O	リン P
同素体	斜方硫黄 S_8 単斜硫黄 S_8 ゴム状硫黄 S_x	黒鉛 C ダイヤモンド C フラーレン C_{60} など カーボンナノチューブ C	酸素 O_2 オゾン O_3	黄リン P_4 赤リン P

同素体の性質の違いの例

　　黒鉛とダイヤモンド：黒鉛は電気を通すが，ダイヤモンドは電気を通さない。

　　黄リンと赤リン：黄リンは空気中で自然発火するが，赤リンは自然発火しない。

ここがポイント 同素体は，同じ元素からできている単体どうしであるが，その原子の個数や構造などが異なり，性質は異なる。

酸素 O_2 は酸素原子2個，オゾン O_3 は酸素原子3個からできていて，同じ元素 O からできていても，純物質を構成する原子の個数が違うんじゃ。

Let's Read! 1-2

例題 1-2　　　　　　　　　　　　　　　　　　　　　　［センター試験 改］

互いに同素体であるものの組合せを，次の ① ～ ④ のうちから一つ選べ。
① ネオンとアルゴン
② 亜鉛と鉛
③ 一酸化炭素と二酸化炭素
④ 酸素とオゾン

解き方を学ぼう！

代表的な同素体を **CHART 1-2** にまとめた。これらを覚えておけばよい。

元素	硫黄 S	炭素 C	酸素 O	リン P
同素体	斜方硫黄 S_8 単斜硫黄 S_8 ゴム状硫黄 S_x	黒鉛 C ダイヤモンド C フラーレンC_{60}など カーボンナノチューブ C	酸素 O_2 オゾン O_3	黄リン P_4 赤リン P

① ネオン：Ne，アルゴン：Ar より，単体であるが元素の種類が異なる。

② 亜鉛：Zn，鉛：Pb より，単体であるが元素の種類が異なる。

③ 一酸化炭素：CO，二酸化炭素：CO_2 より，単体ではなく化合物であるから，同素体ではない。

④ 表より，酸素とオゾンは，同じ元素からできている単体どうしなので同素体である。

解答 ④

Let's Try !   CHARTを使って実際に解いてみよう！

問題 ①-①   ［センター試験］ 2分

純物質の組合せとして正しいものを，次の ① ～ ⑤ のうちから一つ選べ。

① 塩化ナトリウムと空気

② 塩化ナトリウムとナトリウム

③ 海水と空気

④ 海水と炭酸水

⑤ 二酸化炭素と炭酸水

問題 ①-②   ［センター試験］ 1分

ダイヤモンドと黒鉛に関する記述として誤りを含むものを，次の ① ～ ④ のうちから一つ選べ。

① どちらも単体である。

② 互いに同素体である。

③ どちらも燃えると二酸化炭素が生じる。

④ どちらも電気をよく通す。

1日目 物質の分類   9

Let's Try! の解説

問題 ❶-❶

いくつの物質からできているかを考えよう。

塩化ナトリウム：NaCl ⎫
ナトリウム　　：Na　　⎬ ➡ 1種類の物質からできている ➡ 純物質
二酸化炭素　　：CO$_2$ ⎭

空気　：N$_2$ と O$_2$ など ⎫
海水　：NaCl と H$_2$O など ⎬ ➡ 2種類以上の物質からできている ➡ 混合物
炭酸水：CO$_2$ と H$_2$O ⎭

問題 ❶-❷

①, ② ダイヤモンドと黒鉛は炭素の同素体である。同素体は単体である。
③　どちらも炭素からできている単体であるから，燃えると二酸化炭素が生じる。
④　同素体は性質が異なる。黒鉛は電気をよく通すが，ダイヤモンドは電気を通さない。

まずは，化学式で表すことができるか，書いてみよう！

❶-❶ 解答 ②　　❶-❷ 解答 ④

第1章 物質の構成

2日目 物質の分離・精製

ここでは，混合物の種類によって，どのような分離・精製法がふさわしいか考えていこう。

Keywords

分離 ＝ 混合物から目的の物質を取り分ける操作。

精製 ＝ 不純物を取り除き，純度の高い物質を得る操作。

ろ過 ＝ ろ紙などを使って，液体とそれに溶けない固体を分離する操作。

蒸留 ＝ 蒸留装置(図)を用いて，溶液を加熱して発生した蒸気を冷却することにより，目的の物質(液体)を得る操作。

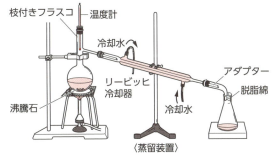

〈蒸留装置〉

分留 ＝ 沸点の異なる液体の混合物から，複数の成分を分離する操作。

再結晶 ＝ 少量の不純物を含んだ固体の混合物をある溶媒に溶かしてから，温度による溶解度の変化や溶媒を蒸発させる操作によって純粋な結晶を分離・精製する方法。

昇華法 ＝ 固体 ➡ 気体 ➡ 固体の状態変化を利用して，混合物から，昇華しやすい物質を分離する方法。

抽出 ＝ 目的の物質だけをよく溶かす溶媒を用いて，その溶媒に溶けやすい物質のみを溶かし出して分離する操作。

クロマトグラフィー
＝ 物質の吸着度や溶媒への溶けやすさの違いを利用して，混合物から各物質を分離・精製する操作。
例 ペーパークロマトグラフィー，薄層クロマトグラフィー

分離・精製法はたくさんあるので，CHART 2-1 のように図で覚えるといいね。

CHART 2-1　物質の分離・精製

（　）内は分離後の状態

混合物 ── ろ過 ──→ 水（などの液体）に溶ける物質
　　　　　　　　　└→ 水（などの液体）に溶けない物質

混合物 ── 蒸留 ──→ 沸点の高い物質（固体・液体）
　　　　　　　　　└→ 沸点の低い物質（液体）

混合物 ── 分留 ──→ 沸点の高い物質（液体）
　　　　　　　　　├→ 次に沸点の高い物質（液体）
　　　　　　　　　⋮
　　　　　　　　　└→ 沸点の低い物質（液体）

混合物 ── 再結晶 ──→ 多量に含まれている物質（主成分）
　　　　　　　　　└→ 少量しか含まれない物質（不純物）

混合物 ── 昇華法 ──→ 昇華しやすい物質（固体）
　　　　　　　　　└→ 昇華しにくい物質（おもに固体）

※ 昇華しやすい物質の代表例：**ヨウ素**，**ナフタレン**

混合物 ── 抽出 ──→ ある溶媒に溶けやすい物質
　　　　　　　　　└→ ある溶媒に溶けにくい物質

混合物 ── クロマトグラフィー ──→ 比較的吸着しやすい物質
　　　　　　　　　└→ 比較的吸着しにくい物質

 分離するのが「どのような混合物か」に着目しよう。

第1章　物質の構成

Let's Read! 2-1

例題 2-1

[センター試験 改]

　実験室の外でも化学実験におけるものと類似の現象や操作がみられる。次の記述 a ～ c に関連する現象または操作の組合せとして最も適当なものを，下の ① ～ ⑧ のうちから一つ選べ。

a ナフタレンからできている防虫剤を洋服ダンスの中に入れておいたところ，徐々に小さくなった。

b ティーバッグにお湯を注いで，紅茶をいれる。

c ぶどう酒から，アルコール濃度の高いブランデーがつくられている。

	a	b	c
①	蒸　発	抽　出	蒸　留
②	蒸　発	蒸　留	ろ　過
③	蒸　発	蒸　留	抽　出
④	蒸　発	再結晶	蒸　留
⑤	昇　華	抽　出	ろ　過
⑥	昇　華	蒸　留	抽　出
⑦	昇　華	抽　出	蒸　留
⑧	昇　華	再結晶	ろ　過

解き方を学ぼう！

a CHART 2-1 にあるように，ナフタレンは昇華しやすい物質である。

b CHART 2-1 のように図で示すと，

　　　　　混合物　　　抽出 ━━┳━▶ **ある溶媒に溶けやすい物質**
　ティーバッグの中身　　　　　　　お湯に溶けやすい紅茶の成分

　　　　　　　　　　　　　　　┗━▶ **ある溶媒に溶けにくい物質**
　　　　　　　　　　　　　　　　　お湯に溶けにくい成分や紅茶の葉っぱ

となるので，抽出である。

c b と同様に，

　　　　　混合物　　　蒸留 ━━┳━▶ **沸点の高い物質**（固体・液体）
　　　　ぶどう酒　　　　　　　　　ブドウの成分や水など

　　　　　　　　　　　　　　　┗━▶ **沸点の低い物質**（液体）
　　　　　　　　　　　　　　　　　ブランデー（ほぼアルコール）

となるので，蒸留である。

解答 ⑦

2日目　物質の分離・精製　　13

Let's Try !　CHARTを使って実際に解いてみよう！

問題 ❷-❶

[センター試験 改]　**3分**

物質の分離・精製法に関する記述として**不適切なもの**を，次の ①～⑤ のうちから一つ選べ。

① ヨウ素とヨウ化カリウムの混合物から，昇華を利用してヨウ素を取り出す。

② 食塩水をろ過して，塩化ナトリウムを取り出す。

③ 液体空気を分留して，酸素と窒素をそれぞれ取り出す。

④ インクに含まれる複数の色素を，クロマトグラフィーによりそれぞれ分離する。

⑤ 薬草から，薬となる成分を，水で煎じて（煮出して）抽出して取り出す。

Let's Try ! の解説

問題 ❷-❶

分離するのがどのような混合物かに着目しよう。　➡ 🚫 ❷-1

① ヨウ素と　**昇華法**　→ ヨウ素（昇華しやすい物質）
　ヨウ化カリウム　　　　→ ヨウ化カリウム（昇華しにくい物質）

② 食塩水　**蒸留**　→ 塩化ナトリウム（沸点の高い物質）
　（塩化ナトリウムと水）　→ 水（沸点の低い物質）

塩化ナトリウムは食塩水中に溶けているため，ろ過で分離することはできない。

③ 液体空気　**分留**　→ 酸素（沸点の高い物質）
　（液体酸素と液体窒素など）　→ 窒素（沸点の低い物質）
　　　　　　　　　　　→ その他の空気の成分

④ インク　**クロマトグラフィー**　→ 比較的吸着しやすい色素
　（複数の色素）　　　　　　→ 比較的吸着しにくい色素

⑤ 薬草　**抽出**　→ 水に溶けやすい成分（薬となる）
　　　　　　　　→ 水に溶けにくい成分

14　第1章　物質の構成　❷-❶ [解答] ②

第1章 物質の構成

3日目 物質の三態

ここでは，固体・液体・気体という物質の三態と状態変化についてマスターしよう。

keywords
- 熱運動 ＝ 物質を構成する粒子が，その温度に応じて行う運動。
- 分子間力 ＝ 分子間にはたらく引力。
- 融解 ＝ 固体➡液体の状態変化。⇔凝固
- 蒸発 ＝ 液体➡気体の状態変化。⇔凝縮
- 昇華 ＝ 固体➡気体の状態変化。
- 凝縮 ＝ 気体➡液体の状態変化。⇔蒸発
- 凝固 ＝ 液体➡固体の状態変化。⇔融解

CHART 3-1 状態変化

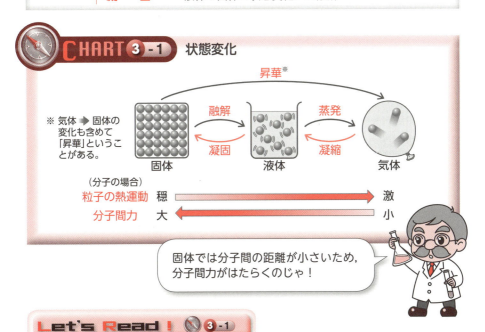

※気体➡固体の変化も含めて「昇華」ということがある。

固体では分子間の距離が小さいため，分子間力がはたらくのじゃ！

Let's Read! 3-1

例題 3-1

物質の状態に関する記述として**誤りを含むもの**を，次の①～④のうちから一つ選べ。

① 固体では，粒子間に分子間力が強くはたらき，分子間の距離は小さい。
② 液体が気体になるとき，熱が放出される。
③ 液体が固体になることを，凝固という。
④ 固体，液体，気体のうち，熱運動が最も激しいのは気体である。

解き方を学ぼう！

CHART ③-1 の図にあてはめて考えてみよう。

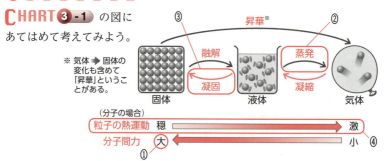

① 固体では分子間力が強くはたらき，分子間の距離は小さくなる。
② 例えば，液体の水を気体の水蒸気にするためには，水を加熱する必要がある。すなわち，外部から熱を加える必要がある。
③ 液体➡固体の状態変化を凝固という。
④ 熱運動は気体が最も激しい。

解答 ②

Let's Try ! CHARTを使って実際に解いてみよう！

問題 ③-1　　　　　　　　　　　　　　　　　　　　　　2分

次の現象に関連するあとの（　）内の語句が正しいものを，次の①～④のうちから一つ選べ。
① 冷えたジュースを入れたコップの外側に水滴がついた。　（凝固）
② お湯をわかしたら蒸気が生じた。　（融解）
③ ケーキを冷やすために箱に入れていたドライアイスが小さくなった。　（昇華）
④ 銅と亜鉛の合金をつくるために，金属の混合物を加熱してとかした。　（凝縮）

Let's Try ! の解説

問題 ③-1

物質の三態（固体・液体・気体）のうち，何が何に変化したのかに着目しよう。➡ ③-1
① 水蒸気（気体）➡ 水（液体）と変化したので，凝縮。
② 水（液体）➡ 水蒸気（気体）と変化したので，蒸発。
③ ドライアイス（固体）➡ 二酸化炭素（気体）と変化したので，昇華。
④ 合金をつくる際，固体である金属をとかして液体にして混合する必要がある。金属（固体）➡ 金属（液体）と変化したので，融解。

③-1 解答 ③

第1章 物質の構成

4日目 原子の構造と同位体

ここでは，原子がどのような粒子からできているのか理解しよう。

Keywords

原　子 ＝ 物質を構成する最小粒子。中心部にある原子核（陽子と中性子）と電子からなる。大きさは 10^{-10} m 程度。

原子番号 ＝ 原子核に含まれる陽子の数。元素によって決まっている。

質量数 ＝ 陽子の数と中性子の数の和。

同位体 ＝ 原子番号（陽子の数）が同じで，中性子の数が異なる原子どうしのこと。

CHART 4-1 原子の構造と表記

原子番号 ＝ 陽子の数
質　量　数 ＝ 陽子の数 ＋ 中性子の数
陽子の数 ＝ 電子の数　（←原子が電気的に中性であることを意味する。）

原子は（単原子）イオンと違って，電荷をもたないよね。陽子の数と電子の数が原子では等しく，イオンでは等しくないということなんじゃ。イオンについては 6日目 で学習するぞ。

元素を表す元素記号は原子番号とも 1 対 1 で対応しているから，原子番号を省略して，$^{13}_{6}$C を ^{13}C と表すことが多いんだね。

4日目　原子の構造と同位体

Let's Read! 4-1

例題 4-1
[センター試験]

次の文章中の空欄 1 ・ 2 に当てはまる数値を，下の ① ～ ⑥ のうちから一つずつ選べ。ただし，同じものを繰り返し選んでもよい。

ナトリウムの原子番号は 11，質量数は 23 である。ナトリウムの原子核には，陽子 1 個と中性子 2 個が含まれている。

① 1　② 11　③ 12　④ 23　⑤ 34　⑥ 35

解き方を学ぼう！

CHART 4-1 にあてはめて計算しよう。

原子番号＝陽子の数　より，
　　陽子の数＝原子番号＝11 個

質量数＝陽子の数＋中性子の数　より，
　　中性子の数＝質量数－陽子の数＝23 － 11 ＝12 個

質量数 → 23
原子番号 → 11 Na

解答　1 ②，2 ③

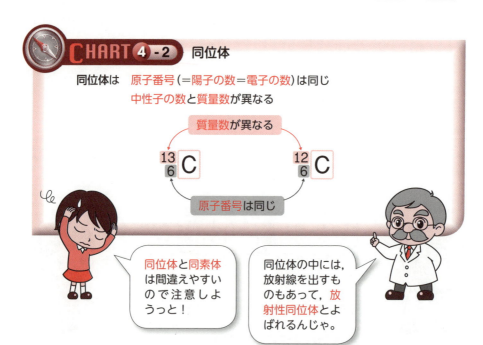

CHART 4-2 同位体

同位体は　原子番号（＝陽子の数＝電子の数）は同じ
　　　　中性子の数と質量数が異なる

質量数が異なる

¹³₆C　　¹²₆C

原子番号は同じ

同位体と同素体は間違えやすいので注意しようっと！

同位体の中には，放射線を出すものもあって，放射性同位体とよばれるんじゃ。

第1章 物質の構成

Let's Read! 🧭 4-2

例題 4-2

［センター試験 改］

二つの原子が互いに同位体であることを示す記述として正しいものを，次の ① ～ ⑤ のうちから一つ選べ。

① 陽子の数は等しいが，質量数が異なる。

② 陽子の数は異なるが，質量数が等しい。

③ 陽子の数と中性子の数の和が等しい。

④ 中性子の数は異なるが，質量数が等しい。

⑤ 中性子の数は等しいが，質量数が異なる。

解き方を学ぼう！

①,②,⑤ CHART 4-2 より，

> 同位体は　**原子番号（＝陽子の数＝電子の数）は同じ**
> **中性子の数と質量数が異なる**

③,④　陽子の数が同じで，中性子の数が異なるため，陽子の数と中性子の数の和（＝質量数）が異なる。

解答 ①

Let's Try!　CHART を使って実際に解いてみよう！

問題 4-1

［センター試験］ **2分**

原子核中の陽子の数と中性子の数が等しい原子を，次の ① ～ ⑤ のうちから一つ選べ。

① $^{1}_{1}H$　② $^{12}_{6}C$　③ $^{23}_{11}Na$　④ $^{27}_{13}Al$　⑤ $^{40}_{18}Ar$

問題 4-2

［センター試験 改］ **2分**

原子 $^{35}_{17}Cl$ と $^{37}_{17}Cl$ に関する次の記述 a ～ e について，正しいものの組合せを，下の ① ～ ⑤ のうちから一つ選べ。

a　原子番号が異なる。　　b　陽子の数が異なる。

c　中性子の数が異なる。　d　質量数が異なる。

e　電子の数が異なる。

① a・b　② a・d　③ b・e　④ c・d　⑤ c・e

4日目　原子の構造と同位体　　**19**

Let's Try! の解説

問題 ❹-1

元素記号の左上の数が質量数，左下の数が原子番号(陽子の数)である。

$$\text{質量数} \rightarrow {}^{4}_{2}\text{He} \leftarrow \text{元素記号}$$
$$\text{原子番号} \rightarrow$$

質量数＝陽子の数＋中性子の数 より，

　　質量数－陽子の数＝中性子の数

であるので，それぞれの原子の中性子の数を計算する。

原子	質量数	－	原子番号＝陽子の数	＝	中性子の数
① $^{1}_{1}\text{H}$	1	－	1	＝	0
② $^{12}_{6}\text{C}$	12	－	6	＝	6
③ $^{23}_{11}\text{Na}$	23	－	11	＝	12
④ $^{27}_{13}\text{Al}$	27	－	13	＝	14
⑤ $^{40}_{18}\text{Ar}$	40	－	18	＝	22

問題 ❹-2

$^{35}_{17}\text{Cl}$ と $^{37}_{17}\text{Cl}$ は，原子番号が同じで質量数が異なるので，**同位体**どうしである。

同位体で同じもの	同位体で異なるもの
原子番号	中性子の数…c
陽子の数	質量数　…d
電子の数	

原子番号1〜20の元素の覚え方

₁H ₂He ₃Li ₄Be ₅B ₆C ₇N ₈O ₉F ₁₀Ne
水 兵 リーベ 僕 の 船

₁₁Na ₁₂Mg ₁₃Al ₁₄Si ₁₅P ₁₆S ₁₇Cl ₁₈Ar ₁₉K ₂₀Ca
なな まが(あ)り シップ ス クラーク か

原子番号1〜20の元素は覚えておこう！

第1章 物質の構成

5日目 電子配置と価電子

ここでは、原子やイオンの電子配置の表し方をマスターし、最外殻電子・価電子と周期表の関係を理解しよう。

keywords

電子殻 = 原子において、電子が存在できる層。内側から順にK殻, L殻, M殻, …とよばれる。

最外殻電子 = 最も外側の電子殻に入っている電子。

価電子 = 原子の最も外側の電子殻に存在する電子のうち、化学反応にかかわる重要なはたらきをする1～7個の電子。ただし、貴ガスの価電子は0個とする。

閉殻 = その電子殻に入ることができる最大数の電子で満たされている電子殻。

CHART 5-1 電子配置

● **それぞれの電子殻に入る電子の最大数**

内側から n 番目の電子殻に入る電子の最大数は $2n^2$ 個

ただし、原子番号20までの原子の場合、M殻には8個の電子しか入らない。

> 電子は原子核に近いK殻から順に入っていくんだね！

● **電子配置の表し方の例** $_{11}$Na の場合

〈方法1〉

電子殻

K(2) L(8) M(1)

それぞれの電子殻に入っている電子の数

〈方法2〉

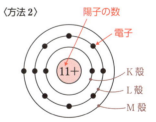

陽子の数
電子
K殻
L殻
M殻

> K, CaのようにM殻に電子が8個しか入らない原子もあるけれど、M殻に入る電子の最大数は $18 (= 2 \times 3^2)$ なので注意しよう！

5日目 電子配置と価電子

Let's Read! 5-1

例題 5-1

[センター試験]

陽子を◎, 中性子を○, 電子を●で表すとき, 質量数6のリチウム原子の構造を示す模式図として最も適当なものを, 図の①～⑥のうちから一つ選べ。ただし, 破線の円内は原子核とし, その外側にある実線の同心円は内側から順にK殻, L殻を表す。

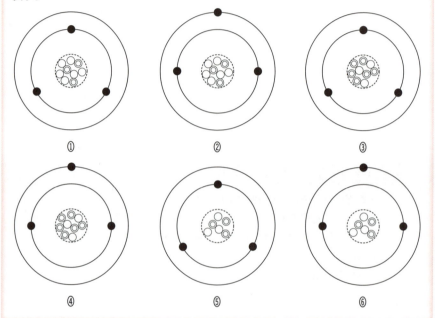

解き方を学ぼう!

リチウム Li の原子番号は3であるから, 質量数6のリチウム原子は,

陽子◎の数＝3個, 電子●の数＝3個, 中性子○の数＝6－3＝3個　→ 4-1

である。CHART 5-1 より, 電子は内側の電子殻から入る。K殻には最大$2(=2×1^2)$個, L殻には最大$8(=2×2^2)$個の電子が入るので, リチウム原子の3個の電子の電子配置は$K(2)L(1)$となる。

解答　⑥

CHART 5-2 最外殻電子と周期表

- 典型元素の原子の最外殻電子の数・価電子の数は，周期表の族番号の一の位の数に等しい。
  ただし，
  ・ヘリウム原子の最外殻電子の数は2個
  ・貴ガスの価電子の数は0個　とする。
- 原子の最も外側の電子殻は，周期表の周期と対応している。
  第1周期：K殻，第2周期：L殻，第3周期：M殻など

〈原子番号が20までの典型元素〉

周期\族	1	2	13	14	15	16	17	18
1	H							He
2	Li	Be	B	C	N	O	F	Ne
3	Na	Mg	Al	Si	P	S	Cl	Ar
4	K	Ca						

貴ガス元素

Let's Read! 5-2

例題 5-2　［センター試験 改］

原子の電子配置に関する記述として**誤りを含むもの**を，次の①〜⑤のうちから一つ選べ。

① 原子の電子殻は，原子核から近い順にK殻，L殻，M殻とよばれる。
② 窒素原子の最外殻電子の数は3である。
③ リチウム原子の価電子の数は1である。
④ 貴ガスの原子の価電子の数は0である。
⑤ ケイ素原子のM殻に入っている電子の数は4である。

解き方を学ぼう！

① CHART 5-1 で確認しよう。
②, ③について，CHART 5-2 を見ながら考えてみよう。

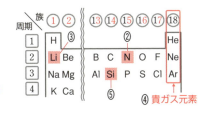

② 窒素 N は周期表の15族の原子であるから，最外殻電子の数は族番号の一の位の数の5である。
③ リチウム Li は周期表の1族の原子であるから，価電子の数は族番号の一の位の数の1である。
④ CHART 5-2 で確認しよう。
⑤ CHART 5-1 より，ケイ素 Si の電子配置は K(2)L(8)M(4) となるので，最も外側の M 殻には4個の電子が入っている。

解答 ②

5日目　電子配置と価電子

Let's Try！ CHARTを使って実際に解いてみよう！

問題 ⑤-1 〔センター試験 改〕 3分

次の図に示す電子配置をもつ原子 a～d に関する記述として**誤っているもの**を，下の ①～④ のうちから一つ選べ。ただし，中心の丸（◯）は原子核を，その外側の同心円は電子殻を，円周上の黒丸（●）は電子をそれぞれ表す。

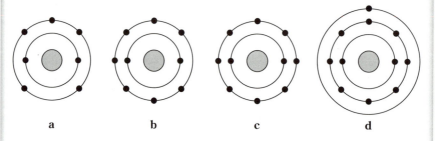

① a，b，c は，いずれも周期表の第2周期に含まれる原子である。
② a の原子の最外殻電子の数は5個である。
③ d は，a～d の中で原子番号が最も大きい。
④ c の価電子の数は，a～d の中で最も大きい。

問題 ⑤-2 2分

電子配置に関する記述として正しいものを，次の ①～④ のうちから一つ選べ。
① アルゴン原子の価電子の数は8個である。
② ヘリウム原子の最も外側の電子殻には電子が8個入り，閉殻になっている。
③ 最外殻電子の数は，ヘリウム原子＜ネオン原子＜アルゴン原子の順に大きくなる。
④ ヘリウム原子の最外殻電子の数は，水素原子の最外殻電子の数の2倍である。

Let's Try の解説

問題 5-1

a～dの原子の電子配置は次のようにも表される。

a K(2)L(5)　b K(2)L(7)　c K(2)L(8)　d K(2)L(8)M(1)

① 周期が異なれば，最も外側にある電子殻が異なる。a，b，cはいずれもL殻が最も外側であるから，第2周期の元素の原子である。　→ 5-2

② 最も外側にあるL殻には電子が5個入っている。

③ 原子は，**原子番号＝陽子の数＝電子の数**となるので，電子の数が最も多いdが，原子番号が最も大きい。　→ 4-1

④ cは最外殻電子の数が8個であり，貴ガス（ネオン原子）である。貴ガスの価電子の数は0個であるので，cの価電子の数がa～dの中で最も小さい。　→ 5-2

問題 5-2

① 貴ガスの価電子の数は0個である。　→ 5-2

②,③ 18族の貴ガスの最外殻電子の数は族番号の一の位の数である8個であるが，例外としてヘリウム原子は2個であることに注意する。したがって，最外殻電子の数は，ヘリウム原子＜ネオン原子＝アルゴン原子となる。　→ 5-2

④ 水素原子，ヘリウム原子の最外殻電子の数は，それぞれ1個，2個であるので，2倍である。　→ 5-2

5-1 解答 ④　　5-2 解答 ④

第1章　演習問題 ❶

1　　　　　　　　　　　　　　　　　　　　　［センター試験 改］ 2分

ヘリウム原子に関する記述として正しいものを，次の ① ～ ⑤ のうちから一つ選べ。

① ヘリウム原子の原子核の質量は，ヘリウム原子の質量の約 $\frac{1}{2}$ である。

② ヘリウム原子($^4_2$He)の原子核の構成は，水素原子($^1_1$H)の原子核2個分と同じである。

③ ヘリウム原子の電子はM殻に入っている。

④ ヘリウム原子の電子が入っている電子殻は，電子2個で満たされている。

⑤ ヘリウム原子の大きさは，ネオン原子に比べて大きい。

例題 ④-❶, ⑤-❶, ⑤-❷

2　　　　　　　　　　　　　　　　　　　　　［センター試験］ 2分

原子とその構成粒子に関する記述として正しいものを，次の ①～⑤のうちから一つ選べ。

① 原子番号は，原子核に含まれる陽子の数に等しい。

② 中性子の質量は，陽子の質量に比べてはるかに小さい。

③ 原子核は，電子と中性子からなる。

④ 原子番号が同じであれば，原子核に含まれる中性子の数は常に同じである。

⑤ 原子の大きさは，原子核の大きさにほぼ等しい。

例題 ④-❶, ④-❷

3　　　　　　　　　　　　　　　　　　　　　［センター試験］ 2分

炭素の同位体 $^{14}_6$C に関する次の文章中の空欄 a ～ d に入れる数値の組合せとして正しいものを，下の ① ～ ⑤ のうちから一つ選べ。

$^{14}_6$C は， a 個の陽子， b 個の中性子，および c 個の電子で構成されている。これらの電子のうち d 個はL殻に入っている。

	a	b	c	d
①	8	6	6	4
②	8	6	14	8
③	6	8	6	2
④	6	8	6	4
⑤	6	14	14	8

例題 ④-❶, ⑤-❶

解説

1

① 原子は，**原子核**（陽子＋中性子）と**電子**からできている。電子の質量は陽子や中性子の質量に比べて十分小さいので，ヘリウム原子の原子核の質量は，ヘリウム原子の質量とほぼ同じである。

②

原子	質量数 □	−	原子番号＝陽子の数 □	＝	中性子の数
水素原子 $_1^1H$	1	−	1	＝	0
ヘリウム原子 $_2^4He$	4	−	2	＝	2

水素原子の原子核2個分では，陽子2個，中性子0個となるので，ヘリウム原子（$_2^4He$）の原子核と異なる。

③,④ ヘリウム原子の電子配置はK(2)であり，K殻は最大数の電子で満たされている。

K殻

⑤ ヘリウム原子の電子の数は2個なのでK殻まで，ネオン原子の電子の数は10個なのでL殻まで電子が入っているので，ヘリウム原子の大きさはネオン原子に比べて小さい。

ヘリウム原子　ネオン原子

2

① **原子番号＝陽子の数**　である。
② **中性子の質量≒陽子の質量**　である。
③ 原子核は，陽子と中性子からなる。
④ 原子番号が同じでも，中性子の数が異なる同位体が存在する。
⑤ 原子核のまわりに電子殻が存在するため，原子の大きさは，原子核の大きさに比べてはるかに大きい。

3

$_6^{14}C$ の原子番号＝6，質量数＝14 であるから，
　陽子の数＝原子番号＝6　…　**a**
　中性子の数＝質量数−陽子の数＝8　…　**b**
　電子の数＝陽子の数＝6　…　**c**
であり，電子配置は，K(2)L(4)である。…　**d**

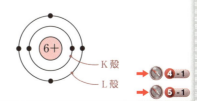

1 解答 ④　　2 解答 ①　　3 解答 ④

4

次の図に示す電子配置をもつ原子 **a** ～ **d** に関する記述として正しいものを，下の ① ～ ⑤ のうちから一つ選べ。ただし，中心の丸（○）は原子核を，その外側の同心円は電子殻を，円周上の黒丸（●）は電子をそれぞれ表す。

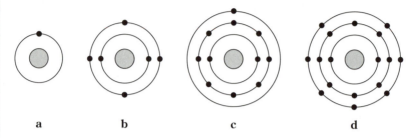

a　　　　　**b**　　　　　**c**　　　　　**d**

① **a** ～ **c** は，いずれも周期表の同族元素の原子である。
② **b** ～ **d** は，いずれも周期表の同周期元素の原子である。
③ **b** のすべての電子殻は，閉殻である。
④ 質量数が 1 の **a** には，中性子が 1 個存在する。
⑤ 質量数が 12 の **b** には，中性子が 6 個存在する。

例題 ④ - 1 , ⑤ - 1 , ⑤ - 2

5

物質に関する記述として正しいものを，次の ① ～ ④ のうちから一つ選べ。
① 「カルシウムは歯や骨に多く含まれている」が，ここで用いられているカルシウムは，元素ではなく単体を表している。
② 強い酸性を示す塩酸は，純物質である。
③ ダイヤモンドとフラーレンは炭素の同位体である。
④ 自動車の燃料であるガソリンは，原油から分留することにより得られる。

例題 ① - 1 , ① - 2 , ② - 1

解　説

4

電子配置	a	b	c	d
原子	水素 $_1$H	炭素 $_6$C	ナトリウム $_{11}$Na	塩素 $_{17}$Cl
K殻	1	2	2	2
L殻		4	8	8
M殻			1	7

① 典型元素であれば，周期表の同族元素の最外殻電子の数は等しい。しかし，最外殻電子の数は **a** と **c** が1個であるのに対し，**b** が4個と異なっている。　→ 5-2

② 同周期元素の最も外側の電子殻は同じである。しかし，最も外側にあるのは **b** がL殻であるのに対し，**c** と **d** はM殻と異なっている。　→ 5-2

③ **b** のK殻は最大数である2個の電子が入っており閉殻であるが，L殻は最大数である8個の電子は入っておらず閉殻ではない。　→ 5-1

④,⑤ 電子配置からそれぞれの原子の電子の数がわかる。原子の場合，
陽子の数＝電子の数 であるから，陽子の数（＝原子番号）が求められる。
中性子の数＝質量数－陽子の数 より，中性子の数は，
　　a：1－1＝0個　　**b**：12－6＝6個　である。　→ 4-1

5

① 元素は原子の種類を表す一方，単体はその1種類の元素のみからなる物質を意味する。ここでのカルシウムは，歯や骨に含まれる様々なカルシウム原子の化合物（リン酸カルシウムなど）をさしているので，単体ではなく，**元素**を表している。　→ 1-1

② 塩酸は塩化水素 HCl と水の**混合物**である。　→ 1-1

③ ダイヤモンドとフラーレンは**同じ元素**（炭素 C）からなる**単体**，すなわち**同素体**である。同位体ではない。　→ 1-2

④ 原油を精留塔に入れ，各成分の沸点の差を利用して**分留**することで，ナフサ，ガソリン，灯油，軽油などに分離できる。　→ 2-1

> **CHART** はどれも大切ということがわかるね。
> できなかった問題は例題にもどってしっかり復習しよう！

4 解答 ⑤　　5 解答 ④

第1章 物質の構成

| 1回目 | ／ | 2回目 | ／ |

6日目 イオン

ここでは，単原子イオンの生成のしくみを理解し，イオンの種類について考えていこう。

Keywords

電荷 ＝ 物質や粒子がもつ電気の量。
単原子イオン ＝ 1個の原子が電荷をもったもの（例 H^+，Mg^{2+}，Cl^-）。陽子の数≠電子の数になっている。
多原子イオン ＝ 2個以上の原子が結びついた粒子全体が電荷をもったもの（例 NH_4^+，SO_4^{2-}，PO_4^{3-}）。
イオンの電荷 ＝ イオンが生成するときに電子を放出したり受け取ったりすることで帯びた電気の量。

CHART 6-1 単原子イオン

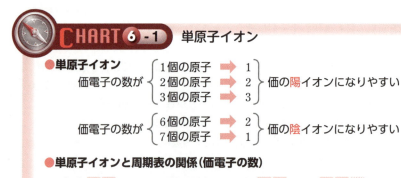

周期表の族番号の一の位の数と価電子の数が対応しているから，周期表の族とイオンの電荷の大きさがつながっているんじゃ！

Let's Read! 6-1

例題 6-1

イオンに関する記述として**誤りを含むもの**を，次の ① ～ ⑤ のうちから一つ選べ。
① カルシウム原子は 2 価の陽イオンになりやすい。
② 12 族元素の原子は 2 価の陽イオンになりやすい。
③ 炭素原子は 4 価の陰イオンになりやすい。
④ 酸素原子は 2 価の陰イオンになりやすい。
⑤ 貴ガスの原子はイオンになりにくい。

解き方を学ぼう！

CHART 6-1 にならって，どのようなイオンになるのか考えてみよう。

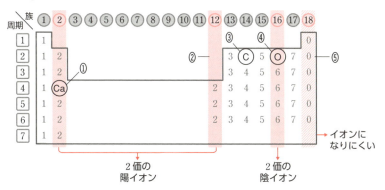

③ 14 族元素の原子は，価電子の数が 4 個で，陽イオンにも陰イオンにもなりにくい。

解答 ③

CHART 6-2 原子がイオンになるときの模式図

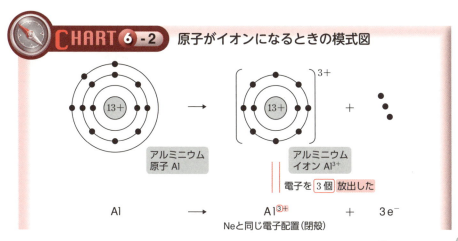

6 日目 イオン

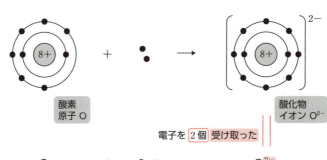

原子が,電子を放出したり受け取ったりしてイオンになると,
- 原子番号が最も近い貴ガスの原子と同じ安定な電子配置となる。
- 電子の数は変化するが,陽子の数や中性子の数は変化しない。

単原子イオンの陽イオンは「[元素名]イオン」,陰イオンは「[元素名の一部]化物イオン」と読むんだね。

Let's Read! 6-2

例題 6-2 〔センター試験〕

ヘリウムイオン(^{4}He$^+$)の構造を示す模式図として最も適当なものを,次の ① ～ ⑨ のうちから一つ選べ。ただし,○は陽子,◎は中性子,●は電子を表し,二つの実線の同心円はK殻(内側),L殻(外側)を表している。

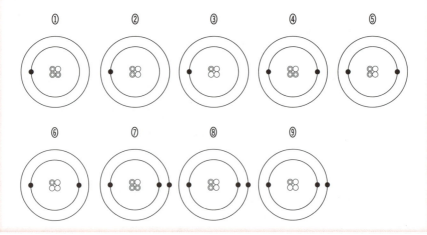

解き方を学ぼう！

CHART 6-2 の図のように，原子が電子を放出したり受け取ったりしてイオンになると，**電子の数**は変化するが，**陽子の数**や**中性子の数**は変わらないことがわかる。

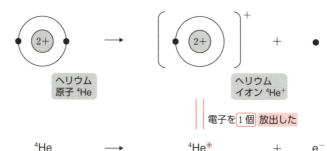

$$^4\text{He} \longrightarrow {}^4\text{He}^+ + e^-$$

$^4\text{He}^+$ は，^4He の電子が1個放出され，正の電荷を帯びた1価の陽イオンであるから，

　　陽子○の数＝原子番号＝ 2 　　（^4He と同じ）
　　中性子◎の数＝質量数－陽子○の数＝ 4 － 2 ＝ 2　　（^4He と同じ）
　　電子●の数＝陽子○の数－ 1 ＝ 2 － 1 ＝ 1　　（^4He と異なる）　　→ 4-1

これに当てはまるものを選べばよい。

解答　②

CHART 6-3　多原子イオン

電荷の大きさ	陽イオンの名称	イオン式
1価	アンモニウムイオン	NH_4^+
	オキソニウムイオン	H_3O^+

電荷の大きさ	陰イオンの名称	イオン式
1価	水酸化物イオン	OH^-
	硝酸イオン	NO_3^-
	炭酸水素イオン	HCO_3^-
	硫酸水素イオン	HSO_4^-
	酢酸イオン	CH_3COO^-
2価	炭酸イオン	CO_3^{2-}
	硫酸イオン	SO_4^{2-}
	シュウ酸イオン	$C_2O_4^{2-}$
3価	リン酸イオン	PO_4^{3-}

ここがポイント　覚えるべき多原子イオンの陰イオンはたくさんあるが，以下のように，酸（参 p.114）が水素イオン H^+ を放出したものと考えると理解しやすい。

$$H_2SO_4 \Rightarrow HSO_4^- \Rightarrow SO_4^{2-}$$
　硫酸　　硫酸水素イオン　硫酸イオン

6日目　イオン

Let's Read! 6-3

例題 6-3　　　　　　　　　　　　　　　　　　　　　　　〔センター試験〕

イオンとその名称との組合せとして**誤りを含むもの**を，次の ① ～ ⑤ のうちから一つ選べ。

① Cl⁻　塩化物イオン　　　② NO₃⁻　硝酸イオン
③ HCO₃⁻　炭酸水素イオン　④ OH⁻　水酸化物イオン
⑤ NH₄⁺　アンモニアイオン

解き方を学ぼう！

CHART 6-3 にあるように，NH₄⁺は**アンモニウムイオン**であり，アンモニアイオンではない。

解答　⑤

Let's Try!　　CHARTを使って実際に解いてみよう！

問題 6-1　　　　　　　　　　　　　　　　〔センター試験 改〕　2分

次の図に示す電子配置をもつ原子 a ～ c に関する記述として正しいものを，下の ① ～ ⑤ のうちから一つ選べ。ただし，図の中心の丸は原子核を，その中の数字は陽子の数を表す。また，外側の同心円を電子殻を，黒丸は電子を表す。

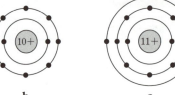

　　a　　　　　　　b　　　　　　　c

① a は 2 価の陰イオンになりやすい。
② b の電子配置は K⁺ の電子配置と同じである。
③ b はイオンになりにくい。
④ c は 1 価の陰イオンになりやすい。
⑤ c がイオンになると，He と同じ電子配置になる。

問題 6-2　　　　　　　　　　　　　　　　　〔センター試験〕　1分

2 価の単原子イオンを，次の ① ～ ⑤ のうちから一つ選べ。

① 酸化物イオン　　② 水酸化物イオン　　③ フッ化物イオン
④ 炭酸イオン　　　⑤ 硫酸イオン

Let's Try！の解説

問題 6-1

① **a** は価電子の数が 7 個なので，1 価の陰イオンになりやすい。
② K⁺ は K が電子を 1 個放出したものであるから，
　　K⁺ の電子配置：K(2)L(8)M(8)
となり，Ar と同じである。すなわち，**b** の Ne の電子配置とは異なる。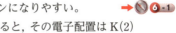
③ **b** は最も外側の電子殻が閉殻で，安定であり，イオンになりにくい。
④ **c** は価電子の数が 1 個なので，1 価の陽イオンになりやすい。
⑤ ④ より，**c** が電子を 1 個放出してイオンになると，その電子配置は K(2)L(8) となる。これと同じ電子配置をしているのは Ne である。

> ① 電子を 1 個受け取れば閉殻になるので，1 価の陰イオンになりやすい。
> ④ 電子を 1 個放出すれば最も外側の電子殻が閉殻の安定な電子配置になるので，1 価の陽イオンになりやすい。
> ⑤ 原子 **c** は原子番号 11 の Na であるから，電子を 1 個放出してイオンになると，最も原子番号の近い貴ガスの原子 Ne と同じ電子配置（**b**）となる。
>
> と考えてもいいんだね！

問題 6-2

単原子イオンはもとの原子の周期表での位置によって，**イオンの種類**（陽イオンか陰イオン）と**電荷の大きさ**（1〜3 価）が決まる。
① 酸素原子が電子を 2 個受け取ったもの。酸素原子は 16 族元素なので，2 価の陰イオンとなる。
③ フッ素原子が電子を 1 個受け取ったもの。フッ素原子は 17 族元素なので，1 価の陰イオンとなる。
②,④,⑤　多原子イオンである。
イオン式はそれぞれ以下のようになる。
① O^{2-}　② OH^{-}　③ F^{-}　④ CO_3^{2-}　⑤ SO_4^{2-}

6-1　解答 ③　　6-2　解答 ①

第1章 物質の構成

| 1回目 / | 2回目 / |

7日目 イオン化エネルギーと電子親和力

ここでは、イオン化エネルギーと電子親和力の定義を理解し、周期表との関係を考えよう。

Keywords

イオン化エネルギー(第一イオン化エネルギー)
= 原子の最外電子殻から(1個の)電子を取り去って(1価の)陽イオンにするのに必要なエネルギー。

電子親和力 = 原子が1個の電子を受け取って1価の陰イオンになるときに放出されるエネルギー。

CHART 7-1 イオン化エネルギーと電子親和力

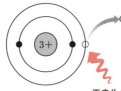
エネルギー
(イオン化エネルギー)

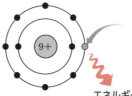
エネルギー
(電子親和力)

イオン化エネルギー　小　➡　(1価の)陽イオンになりやすい

電子親和力　　　　　大　➡　1価の陰イオンになりやすい

Let's Read! 7-1

例題 7-1　　　　　　　　　　　　　　　　　　　　　　　　　　　　[センター試験]

イオンに関する記述として**誤りを含むもの**を、次の ① ～ ⑤ のうちから一つ選べ。

① 原子がイオンになるときに電子を放出したり受け取ったりすることで帯びる電気の量を、イオンの電荷という。
② イオン化エネルギー(第一イオン化エネルギー)は、原子から電子を1個取り去って、1価の陽イオンにするのに必要なエネルギーである。
③ イオン化エネルギー(第一イオン化エネルギー)の小さい原子ほど陽イオンになりやすい。
④ 原子が電子を受け取って、1価の陰イオンになるときに放出するエネルギーを、電子親和力という。
⑤ 電子親和力の小さい原子ほど陰イオンになりやすい。

解き方を学ぼう！

① **6**日目の keywords で確認しよう。
② イオン化エネルギーは，電子を取り去るのに必要なエネルギーである。電子を1個取り去ると1価の陽イオンになる。
③ CHART 7-1 より，
　イオン化エネルギー　小　➡　(1価の)陽イオンになりやすい　となる。
④ 電子親和力は，電子を受け取るときに放出されるエネルギーである。電子を1個受け取ると1価の陰イオンになる。
⑤ CHART 7-1 にあるように，
　電子親和力　大　➡　1価の陰イオンになりやすい　となる。

解答　⑤

CHART 7-2　イオン化エネルギー・電子親和力と周期表

〈イオン化エネルギー〉

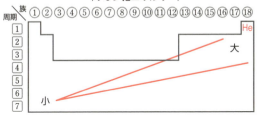

イオン化エネルギーは，基本的に，周期表の右に進むほど大きく，下に進むほど小さい。
イオン化エネルギー最大の原子：ヘリウム He

〈電子親和力〉

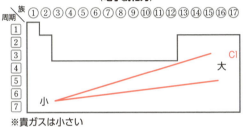

※貴ガスは小さい

電子親和力は，1〜17族では基本的に，周期表の右に進むほど大きく，下に進むほど小さい。
電子親和力最大の原子：塩素 Cl

7日目　イオン化エネルギーと電子親和力

Let's Read! 7-2

例題 7-2　　　　　　　　　　　　　　　　　　　　　　[センター試験]

原子のイオン化エネルギー(第一イオン化エネルギー)が原子番号とともに変化する様子を示す図として最も適当なものを，次の ① ～ ⑥ のうちから一つ選べ。

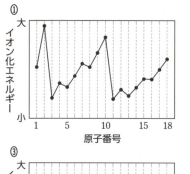

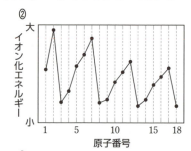

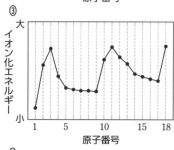

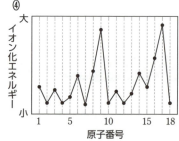

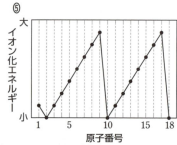

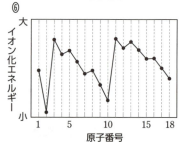

解き方を学ぼう！

CHART 7-2 より，イオン化エネルギーは，周期表の**右**に進むほど**大きく**，**下**に進むほど**小さい**。実際に原子番号が書かれているので，例えば，貴ガスに着目し，原子番号 2，10，18 で大きく，かつ，その値が順に小さくなっているものを選べばよい。

解答　①

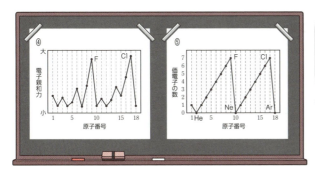

④は電子親和力，⑤は価電子の数を表すグラフであるので，まとめて覚えておこう。

Let's Try !

CHARTを使って実際に解いてみよう！

問題 7 - 1　　　　　　　　　　　　　　　　　　2分

イオン化エネルギーと電子親和力に関する記述として**誤りを含むもの**を，次の ① ～ ⑤ のうちから一つ選べ。

① イオン化エネルギーが最大の原子はヘリウムである。
② 周期表の第2周期の元素の中で，イオン化エネルギーが最も大きいのはネオンである。
③ 電子を受け取るときに放出されるエネルギーを電子親和力という。
④ 電子親和力の大きな原子は1価の陰イオンになりやすい。
⑤ ヘリウムのイオン化エネルギーはフッ素のイオン化エネルギーよりも小さい。

Let's Try ! の解説

問題 7 - 1

①，③，④　CHART 7-1 , 7-2 より，正しい。　　→ 7-1
　　　　　　　　　　　　　　　　　　　　　　　→ 7-2
② 同一周期では，イオン化エネルギーは右に進むほど大きくなる。　→ 7-2
⑤ イオン化エネルギーは周期表の右上の原子ほど大きくなる。　→ 7-2

イオン化エネルギーと電子親和力は間違えやすいから注意しないと！

電子を「受け取る」のか「取り去る」のか，エネルギーが「放出される」のか「必要」なのか，きちんと覚えておこう。

7-1 解答 ⑤

7日目　イオン化エネルギーと電子親和力

第1章 物質の構成

8日目 原子とイオンの大きさ

ここでは，原子とイオンの大きさと，周期表の関係をマスターしよう。

CHART 8-1 原子の大きさ

原子の大きさ（原子半径）は
　同族原子では，周期表の下に進むほど，大きくなる。
　同周期原子では，周期表の右に進むほど，小さくなる（18族は除く）。

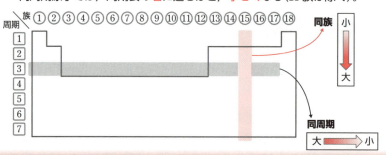

→ 原子の大きさは，原子核の正電荷の大きさ（陽子の数のこと），最も外側の電子殻の大きさで決まる。

- 同族原子では，周期表の下に進むほど，より外側の電子殻まで電子が存在するので，原子の大きさは大きくなる。
- 同周期原子では最も外側の電子殻は同じだが，周期表の右に進むほど，原子核の正電荷が大きくなり，電子を引きつけるので，原子の大きさは小さくなる。

Let's Read! 8-1

例題 8-1

原子半径が最も大きいものを，次の①～⑤のうちから一つ選べ。
① Li　② Na　③ K　④ C　⑤ N

解き方を学ぼう！

原子半径とは，原子を球とみなしたときの半径のことであるから，原子の大きさを表すものと考えればよい。

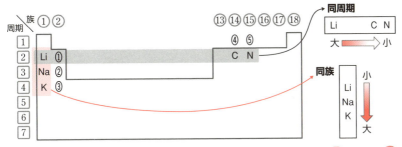

①,②,③ は，いずれも 1 族の原子なので，同族原子である。すなわち，CHART 8-1 より，周期表の下に進むほど，大きさが大きくなる。つまり，① < ② < ③ の順に原子半径は大きくなる。

一方，①,④,⑤ は，いずれも第 2 周期の原子なので，同周期原子である。すなわち，CHART 8-1 より，周期表の右に進むほど，大きさが小さくなる。つまり，① > ④ > ⑤ の順に原子半径は小さくなる。

よって，原子半径は ⑤ < ④ < ① < ② < ③ の順となる。　　　　　解答 ③

CHART 8-2　イオンの大きさ

● **原子がイオンになるときの大きさの変化**
　　原子が陽イオンになると，小さくなる。
　　原子が陰イオンになると，大きくなる。

● **イオンの大きさ（イオン半径）**
　　同族原子のイオンでは，周期表の下に進むほど，大きくなる。
　　例　$F^- < Cl^- < Br^- < I^-$（17 族の原子のイオン）
　　同じ電子配置のイオンでは，原子番号が大きくなるほど，小さくなる。
　　例　$O^{2-} > F^- > Na^+ > Mg^{2+} > Al^{3+}$（Ne と同じ電子配置のイオン）

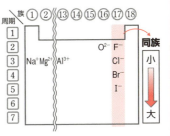

> CHART
> ● 原子が陽イオンになると，最も外側となる電子殻が一つ内側になるので，大きさは小さくなる。
> ● 原子が陰イオンになると，最も外側の電子殻は変わらないが，最外殻電子の数が増えるので，電子どうしの反発が大きくなり，イオンの大きさは大きくなる。
> ● 同族原子のイオンでは，下に進むほど，最も外側の電子殻が大きくなり，イオンの大きさは大きくなる。
> ● 同じ電子配置のイオンどうしでは，原子番号が大きくなるほど，原子核の正電荷が大きくなり電子を強く引きつけるので，イオンの大きさは小さくなる。

8 日目　原子とイオンの大きさ

Let's Read! 8-2

例題 8-2

イオン半径が最も大きいものを，次の ①〜④ のうちから一つ選べ。
① H⁺   ② Li⁺   ③ Na⁺   ④ K⁺

解き方を学ぼう！

H，Li，Na，K はいずれも 1 族の原子である。
CHART 8-2 より，同族原子のイオンでは，周期表の下に進むほど，イオン半径が大きくなるので，① ＜ ② ＜ ③ ＜ ④ の順となる。

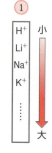

H⁺，Li⁺，Na⁺，K⁺ はいずれも 1 価の陽イオンなので，1 族の原子であるとわかるね！
→ 6-1

解答 ④

Let's Try!

CHARTを使って実際に解いてみよう！

問題 8-1   2分

イオン半径が最も大きいものを，次の ①〜④ のうちから一つ選べ。
① K⁺   ② Cl⁻   ③ Ca²⁺   ④ S²⁻

問題 8-2   2分

原子やイオンの大きさに関する記述として**誤りを含むもの**を，次の ①〜⑤ のうちから一つ選べ。

① 塩素原子と塩化物イオンでは，塩化物イオンのほうが，大きさが大きい。
② フッ素原子と塩素原子では，フッ素原子のほうが，大きさが小さい。
③ ナトリウムがナトリウムイオンになると，大きさが小さくなる。
④ ナトリウム原子とマグネシウム原子では，マグネシウム原子のほうが，大きさが小さい。
⑤ ナトリウムイオンとマグネシウムイオンでは，マグネシウムイオンのほうが，大きさが大きい。

第1章 物質の構成

Let's Try！の解説

問題 ⑧-❶

①～④はいずれもアルゴン Ar と同じ電子配置をもつイオンである。

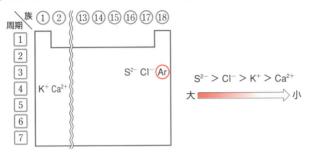

同じ電子配置のイオンでは，原子番号が大きくなるほど，イオン半径が小さくなるので，④＞②＞①＞③ の順となる。

➡ ⑧-2

問題 ⑧-❷

① Cl ＋ e⁻ ⟶ Cl⁻ となり，原子が陰イオンになると，大きさは大きくなる。 ➡ ⑧-2

② フッ素 F と塩素 Cl はともに 17 族の原子である。同族原子では，周期表の下に進むほど，大きさが大きくなる。 ➡ ⑧-1

③ Na ⟶ Na⁺ ＋ e⁻ となり，原子が陽イオンになると，大きさは小さくなる。 ➡ ⑧-2

④ ナトリウム Na とマグネシウム Mg はともに第 3 周期の原子である。同周期原子では，周期表の右に進むほど，大きさは小さくなる。 ➡ ⑧-1

⑤ ナトリウムイオン Na⁺ とマグネシウムイオン Mg²⁺ はともにネオン Ne と同じ電子配置をもつ。同じ電子配置のイオンでは，原子番号が大きくなるほど，大きさは小さくなる。 ➡ ⑧-2

周期表で原子の位置を確認しよう！

⑧-❶ 解答 ④　　⑧-❷ 解答 ⑤

第1章　物質の構成

1回目　　／	2回目　　／

9 日目 元素の周期表

ここでは，周期表からわかることをまとめよう。

Keywords

周期律 ＝ 元素を原子番号の順に並べたとき，性質のよく似た元素が一定の間隔で現れること。

周期表 ＝ 元素を原子番号の順に並べて，性質のよく似た元素が同じ縦の列に並ぶように配列した表。

典型元素 ＝ 周期表の 1，2 族と 12 ～ 18 族の元素。

遷移元素 ＝ 周期表の 3 ～ 11 族の元素。

CHART 9-1　周期律

〈周期表〉

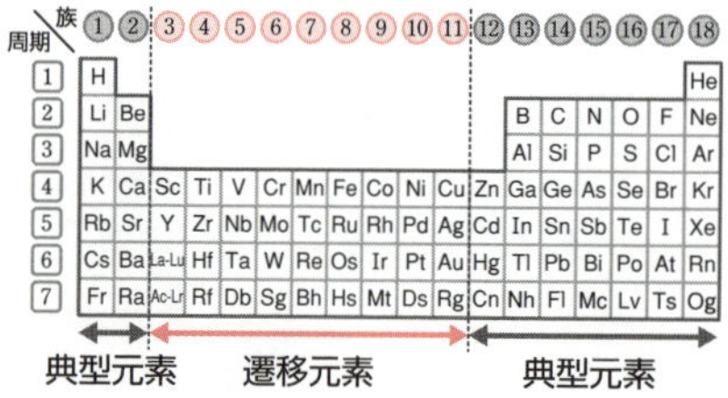

- 現在の周期表は，元素を原子番号の順に並べている。
  - ↔ かつて，メンデレーエフが元素を原子量 (参 p.80) の順に並べた周期表をつくった。
- 典型元素では，同族元素の性質が似ている。

Let's Read! 9-1

例題 9-1

［センター試験 改］

元素の周期表に関する次の文章中の空欄 ア ～ ウ に当てはまる語の組合せとして最も適当なものを，下の ① ～ ⑥ のうちから一つ選べ。

元素の周期表では，元素を ア の順に並べて，性質のよく似た元素が同じ縦の列に並ぶように配列している。この縦の列を イ といい，典型元素では， イ が同じ原子の ウ の数は等しい。

	ア	イ	ウ
①	原子量	族	中性子
②	原子量	周期	価電子
③	原子量	周期	中性子
④	原子番号	周期	価電子
⑤	原子番号	族	中性子
⑥	原子番号	族	価電子

44 第1章　物質の構成

解き方を学ぼう！

CHART 9-1 より，現在の周期表は，元素を原子番号の順に並べたものである。周期表の縦の列を族といい，典型元素では，同族原子の価電子の数は等しい。

解答 ⑥

CHART 9-2　周期表からわかること（まとめ）

〈イオン化エネルギー〉

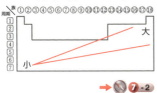

〈典型元素・遷移元素〉

〈電子親和力〉

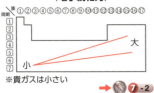

※貴ガスは小さい

〈金属元素・非金属元素〉

〈原子半径〉

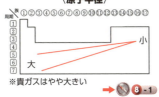

※貴ガスはやや大きい

〈最外殻電子の数〉

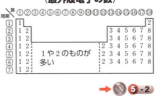

〈単体の常温・常圧での状態〉

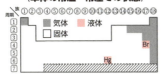

〈価電子の数〉

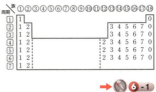

9日目　元素の周期表

Let's Read! 🧭 9-2

例題 9-2

［センター試験 改］

元素に関する記述のうちで，当てはまる元素が1種類だけであるものを，次の ① ～ ⑤ のうちから一つ選べ。

① 単体が常温・常圧で液体である元素

② 遷移元素のうち，金属元素でない元素

③ 周期表の1族元素のうち，金属元素でない元素

④ 周期表の第2周期元素のうち，金属元素である元素

⑤ 周期表の第3周期元素のうち，単体が常温・常圧で固体でない元素

解き方を学ぼう！

CHART 9-2 をしっかりおさえよう。

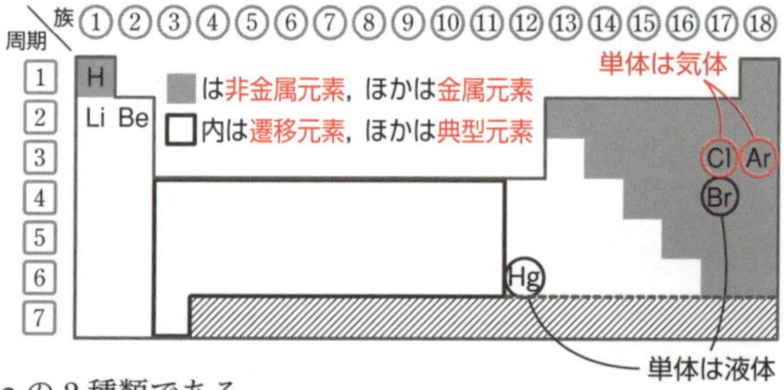

① 臭素 Br と水銀 Hg の2種類である。

② 遷移元素はすべて金属元素である。

③ 水素 H の1種類である。

④ リチウム Li とベリリウム Be の2種類である。

⑤ 塩素 Cl とアルゴン Ar の2種類である（単体は Cl_2，Ar）。

族 ① ② ③ ④ ⑤ ⑥ ⑦ ⑧ ⑨ ⑩ ⑪ ⑫ ⑬ ⑭ ⑮ ⑯ ⑰ ⑱
周期

■ は非金属元素，ほかは金属元素
□ 内は遷移元素，ほかは典型元素

単体は気体
Cl Ar
Br
Hg
単体は液体

解答 ③

Let's Try!

CHART を使って実際に解いてみよう！

問題 9-1

［センター試験］ 2分

元素の周期律に関する記述として**誤りを含むもの**を，次の ① ～ ⑤ のうちから一つ選べ。

① 周期表では，元素が原子番号の順に並べられている。

② 周期表を同一周期内で左から右に進むと，原子中の電子の数が増加する。

③ 原子のイオン化エネルギー（第一イオン化エネルギー）は，原子番号の増加とともに，周期的に変化する。

④ 陽子の数が等しい原子は，質量数が異なっても，周期表上で同じ位置を占める。

⑤ 遷移元素の最外殻電子の数は，族の番号に一致する。

46 第1章 物質の構成

問題 9-2

[センター試験] 2分

元素の性質に関する記述として正しいものを，次の ① ～ ⑤ のうちから一つ選べ。

① 同じ周期に属する元素の化学的性質はよく似ている。
② 典型元素の単体は，常温・常圧で気体か固体のどちらかである。
③ 金属元素の単体は，すべて常温・常圧で固体である。
④ 1族元素の単体は，すべて常温・常圧で固体である。
⑤ 18族元素の単体は，すべて常温・常圧で気体である。

Let's Try！ の 解 説

問題 9-1

① 周期表からわかる。
② 原子の場合，原子番号＝陽子の数＝電子の数である。
周期表では，右に進むほど原子番号が大きくなるので，原子番号が大きくなると，原子中の電子の数も増加する。
③ CHART 9-2 で確認しよう。
④ 陽子の数＝原子番号より，どちらも同じ元素である。
⑤ 遷移元素の最外殻電子の数はほとんどが1個または2個であり，族番号には一致しない。

問題 9-2

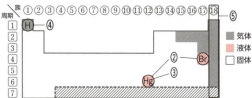

〈単体の常温・常圧での状態〉

① 一般に，(特に典型元素の)同じ族に属する元素の化学的性質は似ている。
② 水銀 Hg，臭素 Br の単体は，常温・常圧で液体である。
③ 水銀 Hg は金属であり，常温・常圧で液体である。
④ 水素 H の単体 H_2 は，常温・常圧で気体である。
⑤ 18族元素は貴ガス元素とよばれ，単体は常温・常圧ですべて気体である。

1章もあと1日！
しっかり力をつけていこう！

1回目　／　　2回目　／

10日目 同族元素

ここでは，周期表の同族元素に類似の性質をまとめてみよう。

Keywords

- **アルカリ金属元素**（きんぞくげんそ） ＝ 水素Hを除く1族元素。
- **アルカリ土類金属元素**（どるいきんぞくげんそ） ＝ ベリリウムBe，マグネシウムMgを除く2族元素。※
- **ハロゲン元素**（げんそ） ＝ 17族元素。
- **貴ガス元素**（き　げんそ） ＝ 18族元素。「希ガス元素」と書くこともある。

CHART 10-1

同族元素

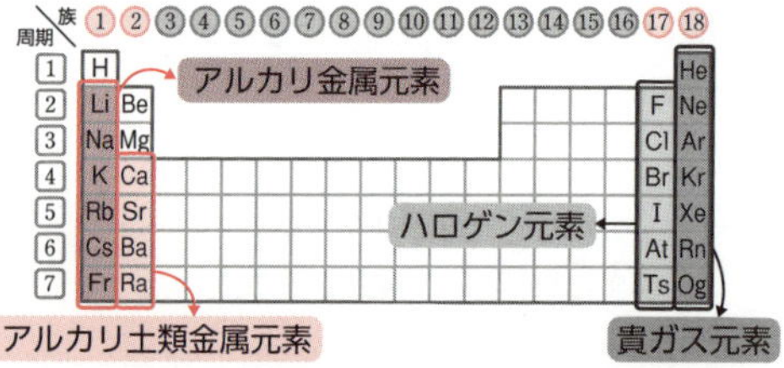

名称	元素	単体の性質
アルカリ金属元素	H以外の1族元素	1価の陽イオンになりやすい。 密度が小さく，やわらかく，融点が低い。 ⇔ 単体の融点が高いのは14族元素。 炎色反応（えんしょく）を示す（参▶別冊 p.52）。
アルカリ土類金属元素	Be，Mg以外の2族元素※	2価の陽イオンになりやすい。 炎色反応を示す（参▶別冊 p.52）。
ハロゲン元素	17族元素	1価の陰イオンになりやすい。 単体は，F_2，Cl_2，Br_2，I_2 のように二原子分子である。 単体は有色（塩素：黄緑色，臭素：赤褐色，ヨウ素：黒紫色）で，酸化力（他の物質から電子を奪う力）（参▶ p.144）が強い。
貴ガス元素	18族元素	安定で，イオンになりにくく，化合物もつくりにくい。 単体はHe，Ne，Arのように単原子分子である。

※ BeとMgをアルカリ土類金属元素に含めることもある。

アルカリ金属元素にHが含まれていないことに注意するのじゃ！

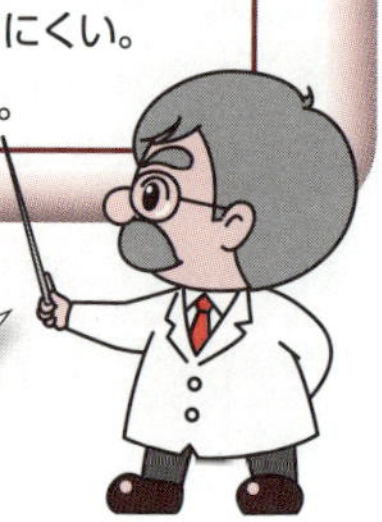

Let's Read! 10-1

例題 10-1

同族元素に関する記述として**誤りを含むもの**を，次の①〜⑤のうちから一つ選べ。
① 1族元素をアルカリ金属元素という。
② カルシウム Ca はアルカリ土類金属元素である。
③ 17族元素をハロゲン元素という。
④ ヘリウム He は貴ガス元素である。
⑤ 貴ガス元素の原子は安定で，化合物をつくりにくい。

解き方を学ぼう！

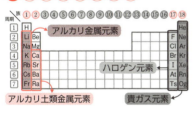

① CHART 10-1 にあるように，アルカリ金属元素には1族元素の H が含まれていない。H は非金属元素である。アルカリ金属元素はすべて1族元素であるが，1族元素はすべてアルカリ金属元素であるとはいえないので注意しよう。

②〜⑤ CHART 10-1 で確認しよう。

解答 ①

Let's Try! CHARTを使って実際に解いてみよう！

問題 10-1 2分

同族元素に関する記述として**誤りを含むもの**を，次の①〜⑤のうちから一つ選べ。
① アルカリ金属元素は炎色反応を示す。
② アルカリ金属は，アルカリ土類金属に比べて一般に融点が高い。
③ 17族元素の単体は，二原子分子である。
④ ハロゲン元素の原子は，1価の陰イオンになりやすい。
⑤ 18族元素の単体は，単原子分子である。

Let's Try! の解説

問題 10-1

同族元素の性質を整理しておさえよう。　→ 10-1
①,③〜⑤ CHART 10-1 より，正しいことがわかる。
② アルカリ金属のほうがアルカリ土類金属に比べて融点が低い。

10-1 解答 ②

第1章 演習問題 ②

1

[センター試験 改] 2分

イオンに関する記述として**誤りを含むもの**を，次の ① 〜 ④ のうちから一つ選べ。

① フッ素原子は，電子親和力が大きく陰イオンになりやすい。
② 周期表の第3周期の元素の中で，イオン化エネルギー（第一イオン化エネルギー）が最も大きいのはアルゴンである。
③ アルミニウムイオン Al^{3+} の電子配置は，アルゴン原子の電子配置と同一である。
④ 酸化物イオンと硫化物イオンは，いずれも2価の単原子陰イオンである。

例題 ⑥-1, ⑥-2, ⑦-2

2

[センター試験 改] 2分

次の3種類のグラフは，イオン化エネルギー（第一イオン化エネルギー），価電子の数，および単体の融点のいずれかが，原子番号とともに周期的に変わる様子を示したものである。それぞれの周期性は A，B，C のどのグラフに表されているか。正しい組合せを，次の ① 〜 ⑥ のうちから一つ選べ。

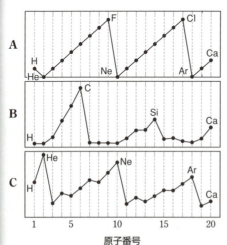

	イオン化エネルギー	価電子の数	単体の融点
①	A	B	C
②	A	C	B
③	B	A	C
④	B	C	A
⑤	C	A	B
⑥	C	B	A

例題 ⑥-1, ⑦-2, ⑨-2, ⑩-1

解説

1

① フッ素原子 F は，周期表の右上に位置するので電子親和力が大きい。電子親和力が大きいと陰イオンになりやすい。 → 7-2

② 同一周期では，イオン化エネルギーは右に進むほど大きくなる。 → 7-2

③ アルミニウム原子 Al に原子番号が最も近い貴ガスの原子はネオン原子 Ne であるから，アルミニウムイオン Al^{3+} はネオン原子と同じ電子配置になる。 → 6-2

④ 酸素 O，硫黄 S はともに 16 族元素であるので，いずれも 2 価の陰イオンになる。 → 6-1

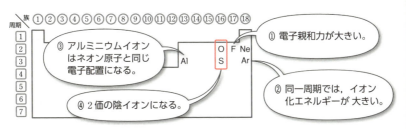

2

イオン化エネルギー(第一イオン化エネルギー)は，同一周期では，1 族元素から 18 族元素に向けて次第に大きくなるので **C** のグラフである。 → 7-2

価電子の数は，典型元素では，周期表の族番号の一の位の数である。ただし，貴ガスでは 0 となる。よって，**A** のグラフである。 → 6-1

単体の融点は，アルカリ金属元素である Na や K で小さく，14 族元素で大きくなっている **B** のグラフである。 → 10-1

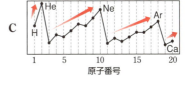

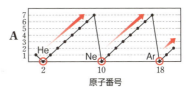

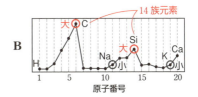

1 解答 ③　　**2** 解答 ⑤

3

図に示す電子配置をもつ原子 a～c に関する記述として**誤りを含むもの**を，下の ① ～ ⑤ のうちから一つ選べ。ただし，図の中心の丸は原子核を，その中の数字は陽子の数を表す。また，外側の同心円は電子殻を，黒丸は電子を表す。

① a は 2 価の陰イオンになりやすい。
② a～c は同周期元素の原子である。
③ b の価電子の数は 0 個である。
④ c は 2 価の陽イオンになりやすい。
⑤ a がイオンになると b と同じ電子配置となる。

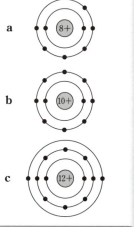

例題 ⑤ - 2 , ⑥ - 1 , ⑥ - 2

4

元素に関する記述として**誤りを含むもの**を，次の ① ～ ⑤ のうちから一つ選べ。

① 遷移元素はすべて金属元素である。
② ハロゲン元素の原子は 1 価の陰イオンになりやすい。
③ 17 族元素はすべて非金属元素である。
④ 13 族元素はすべて金属元素である。
⑤ 貴ガスの価電子の数は 0 個である。

例題 ⑤ - 2 , ⑥ - 1 , ⑨ - 2

5

原子や分子などに関する記述として**誤りを含むもの**を，次の ① ～ ⑤ のうちから一つ選べ。

① アルミニウムは 3 価の陽イオンになる。
② 酸素の電子親和力はフッ素の電子親和力よりも大きい。
③ カリウムの原子半径はカルシウムの原子半径よりも大きい。
④ 金属の単体の中には，常温・常圧で固体ではないものが存在する。
⑤ 貴ガス元素の単体は単原子分子である。

例題 ⑥ - 1 , ⑦ - 2 , ⑧ - 1 , ⑨ - 2 , ⑩ - 1

解　説

3

① a の価電子の数が 6 個なので，2 価の陰イオンになりやすい。
② a, b は第 2 周期の原子，c は第 3 周期の原子である。
③ b の最も外側の電子殻は閉殻であり，b は貴ガスである。貴ガスの価電子の数は 0 個である。
④ c の価電子の数が 2 個なので，2 価の陽イオンになりやすい。
⑤ 原子 (a) がイオンになると，原子番号が最も近い貴ガス (b) と同じ電子配置となる。

4

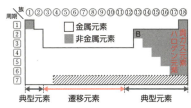

① 典型元素には金属元素と非金属元素があり，遷移元素はすべて金属元素である。
②, ③ 17 族元素のハロゲン元素の原子は，すべて非金属元素で，価電子の数が 7 個なので，1 価の陰イオンになりやすい。
④ 13 族元素は第 2 周期のホウ素 B のみ非金属元素で，それ以外は金属元素である。
⑤ CHART 5-2 で確認しよう。

5

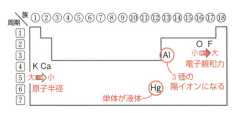

① アルミニウム Al は 13 族元素の原子であるので，3 価の陽イオンになりやすい。
② 電子親和力は周期表の右上の原子ほど大きくなる。
③ カリウム K とカルシウム Ca はともに第 4 周期の原子である。同周期の原子では，周期表の右に進むほど，原子半径は小さくなる。
④ 金属の単体の中で，水銀 Hg のみ常温・常圧で液体である。
⑤ CHART 10-1 で確認しよう。

3 解答 ②　　4 解答 ④　　5 解答 ②

第2章 粒子の結合

11日目 イオン結合

ここでは，イオンからなる物質について，イオン結合のしくみと組成式についてマスターしよう。

Keywords
- イオン結合 = 陽イオンと陰イオンが**静電気力（クーロン力）**によって引きあってできる結合。
- 組成式 = イオンからなる物質や金属などを，構成する元素の種類と数を最も簡単な整数比で表した化学式。

CHART 11-1 イオン結合

● イオン結合のしくみ

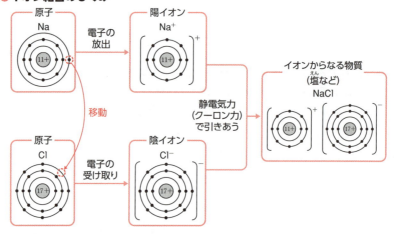

● イオンからなる物質(イオン結晶)の性質
① 融点が高く，硬くてもろい。
② 固体の状態では，電気伝導性(電気を導く性質)はない。
水に溶かしたり，融解したりすると電気伝導性を示す。
③ 水に溶けやすいものが多いが，水に溶けにくいものもある。
例 塩化銀 $AgCl$，炭酸カルシウム $CaCO_3$，硫酸バリウム $BaSO_4$

Let's Read! 11-1

例題 11-1

イオン結合に関する記述として**誤りを含むもの**を，次の①～④のうちから一つ選べ。

① 陽性の強い金属元素の原子と陰性の強い非金属元素の原子との間の結合は，イオン結合である。
② イオンからなる物質の中には，水に溶けにくいものもある。
③ マグネシウムイオンと酸化物イオンが静電気力で引きあうと，酸化マグネシウムが生成する。
④ ナトリウム原子1個と塩素原子1個が結合すると，塩化ナトリウム分子が生成する。

解き方を学ぼう！

CHART 11-1 をもとに，イオン結合のしくみを復習しよう。

① 原子が陽イオンになる性質を**陽性**，原子が陰イオンになる性質を**陰性**という。ここでは，金属元素の原子から非金属元素の原子に電子が移動し，それぞれ陽イオンと陰イオンになり，イオン結合が生じる。
② 塩化銀 AgCl や硫酸バリウム $BaSO_4$ のように，水に溶けにくいものもある。
③ 陽イオンである Mg^{2+} と陰イオンである O^{2-} が引きあい，イオン結合によって酸化マグネシウム MgO が生成する。
④ ナトリウム原子がナトリウムイオン Na^+ に，塩素原子が塩化物イオン Cl^- になり，イオン結合でできた塩である塩化ナトリウム NaCl が生じる。分子ではない。

解答 ④

CHART 11-2 組成式

組成式
① 陽イオン，陰イオンの順に書く。
② 電荷の合計が0になるように陽イオンと陰イオンの個数の比を求め，それぞれのイオンの右下に書く（1は書かない）。

名称
① 陰イオン，陽イオンの順に読む。
②「化物」，「イオン」などを省いて読む。

例 Al^{3+}（3価）と SO_4^{2-}（2価）からできる物質の組成式

Al^{3+}, SO_4^{2-}

$\underbrace{Al^{3+}\ Al^{3+}}_{\text{合計}+6}$ $\underbrace{SO_4^{2-}\ SO_4^{2-}\ SO_4^{2-}}_{\text{合計}-6}$

Al^{3+} が**2個**と SO_4^{2-} が**3個**結合すると，電気的に中性 ➡ $Al_2(SO_4)_3$

~~硫酸イオンアルミニウムイオン~~
➡ 硫酸アルミニウム

11日目 イオン結合

Al³⁺は3価の陽イオン、SO₄²⁻は2価の陰イオンだから、3と2の最小公倍数である6個の＋と－を用意すればいいんだね。つまり、Al³⁺は2個、SO₄²⁻は3個あればいいんだね！

陽イオンの電荷×陽イオンの個数
＝陰イオンの電荷×陰イオンの個数
ということじゃ！

Let's Read! ⓫-2

例題 ⓫-2

それぞれの物質を表す組成式が**誤っているもの**を、次の①～④のうちから一つ選べ。

① 塩化ナトリウム NaCl　　② 硫酸ナトリウム Na₂SO₄
③ 塩化アンモニウム NH₄Cl　　④ 硫酸アンモニウム NH₄SO₄

解き方を学ぼう！

CHART ⓫-2 にならって、組成式を書いてみよう。

陽イオン ＼ 陰イオン	塩化物イオン Cl⁻(1価)	硫酸イオン SO₄²⁻(2価)
ナトリウムイオン Na⁺(1価)	① 塩化ナトリウム NaCl	② 硫酸ナトリウム Na₂SO₄
アンモニウムイオン NH₄⁺(1価)	③ 塩化アンモニウム NH₄Cl	④ 硫酸アンモニウム (NH₄)₂SO₄

④ の硫酸アンモニウムについて

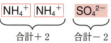

NH₄⁺が2個とSO₄²⁻が1個結合すると、電気的に中性
➡ (NH₄)₂SO₄ ← 1は書かない

解答 ④

多原子イオンが複数必要なときは"(　)"を忘れずにつけないと！

硫酸アンモニウムを表すには、多原子イオンであるNH₄⁺が2個必要なので、NH₄2SO₄ではなく、(NH₄)₂SO₄と表すのじゃ！

第2章　粒子の結合

Let's Try !

CHARTを使って実際に解いてみよう！

問題 ⑪ - 1   2分

イオンからなる物質に関する記述として**誤りを含むもの**を，次の ① ～ ④ のうちから一つ選べ。

① 硬く，外部から衝撃を加えても壊れにくい。
② 固体は電気を導かない。
③ 炭酸カルシウムなど水に溶けにくいものもある。
④ 融雪剤である塩化カルシウムなど身近なところで利用されている。

問題 ⑪ - 2   2分

イオンからなる物質の組成式が**誤っているもの**を，次の ① ～ ⑤ のうちから一つ選べ。

① $NaSO_4$ ② $NaCl$ ③ $CaCl_2$ ④ $CaCO_3$ ⑤ $Ca_3(PO_4)_2$

Let's Try ! の解説

問題 ⑪ - 1

① イオンからなる物質は硬いが，もろく，外部から強い力が加わると壊れやすい。

CHART ⑪-1 をもとに，イオンからなる物質(イオン結晶)の性質を復習しよう。

問題 ⑪ - 2

組成式は，陽イオン，陰イオンの順に書く。
これをもとに，陽イオンと陰イオンを書き，電荷の合計が 0 になるように正しい組成式で書かれているか確認していこう。

① Na^+(1価)とSO_4^{2-}(2価) ➡ Na^+ 2個，SO_4^{2-} 1個 ➡ Na_2SO_4
② Na^+(1価)とCl^-(1価) ➡ Na^+ 1個，Cl^- 1個 ➡ $NaCl$
③ Ca^{2+}(2価)とCl^-(1価) ➡ Ca^{2+} 1個，Cl^- 2個 ➡ $CaCl_2$
④ Ca^{2+}(2価)とCO_3^{2-}(2価) ➡ Ca^{2+} 1個，CO_3^{2-} 1個 ➡ $CaCO_3$
⑤ Ca^{2+}(2価)とPO_4^{3-}(3価) ➡ Ca^{2+} 3個，PO_4^{3-} 2個 ➡ $Ca_3(PO_4)_2$

⑪-1 解答 ①   ⑪-2 解答 ①   11日目 イオン結合

第2章 粒子の結合

| 1回目 | ／ | 2回目 | ／ |

12日目 共有結合と分子の極性

ここでは，共有結合でできる物質について，「原子の電子式」から「結合の極性」さらに，「分子の極性」への流れを理解しよう。

Keywords

- **共有結合** ＝ 2個の原子間で，それぞれの原子の価電子を出しあって，共有してできる結合。
- **電子式** ＝ 最外殻電子を「・」で表し，元素記号のまわりに書いた化学式。

H・ 電子式

- **構造式** ＝ 1組の共有電子対を1本の線で表し，分子中の原子の結合状態を表した化学式。
- **共有電子対** ＝ 2個の原子間で共有され，共有結合をつくっている電子対。

H−O−H 構造式

- **非共有電子対** ＝ 共有結合に使われていない電子対。
- **不対電子** ＝ 結合する前の，対になっていない電子。
- **原子価** ＝ 分子の構造式において，ある原子から出ている線の数。
- **電気陰性度** ＝ 原子の電子の引きつけやすさのこと。フッ素Fが最大で以下，酸素O，窒素N，……と続く。
- **極性** ＝ 電荷のかたよりのこと。

CHART 12-1 共有結合

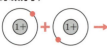

● **共有結合のしくみ** 分子は原子どうしが共有結合してできている。

〈水素分子〉
水素原子H　水素原子H　→　水素分子H₂

H₂分子中の各H原子は，He原子に似た電子配置をとる

〈水分子〉
水素原子H　酸素原子O　水素原子H　→　水分子H₂O

H₂O分子中のO原子はNe原子に，H原子はHe原子に似た電子配置をとる

※2個の原子が価電子を共有して共有結合した場合，各原子の最も外側の電子殻は閉殻あるいは閉殻に似た安定な状態になる。

Let's Read! 12-1

例題 12-1

似た電子配置をとるものを，次の ① ～ ④ のうちから一つ選べ。
① 水素分子 H_2 中の水素原子 H とネオン原子 Ne
② 水分子 H_2O 中の酸素原子 O とヘリウム原子 He
③ アンモニア分子 NH_3 中の窒素原子 N とネオン原子 Ne
④ メタン分子 CH_4 中の炭素原子 C とアルゴン原子 Ar

解き方を学ぼう！

CHART 12-1 より，2個の原子が価電子を共有して共有結合した場合，各原子の最も外側の電子殻は閉殻になることに注意しよう。

原子	① 水素原子 H	② 酸素原子 O	③ 窒素原子 N	④ 炭素原子 C
電子配置				

いずれの場合も，共有結合により最も外側の電子殻は閉殻となる

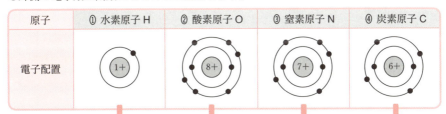

| 共有結合した後の電子配置 | ヘリウム原子の電子配置 K(2)に似ている | ネオン原子の電子配置 K(2)L(8)に似ている | ネオン原子の電子配置 K(2)L(8)に似ている | ネオン原子の電子配置 K(2)L(8)に似ている |

解答 ③

〈共有結合のイメージ〉

CHART 12-2 原子の電子式

A 原子の電子式

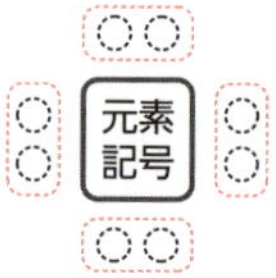

- 元素記号のまわりに最外殻電子を「・」で書く。
- 「・」は上下左右の4か所に書く。
- 4個目までは対にせずに，5個目からは対にする。

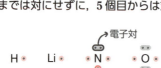

5個以上の電子は対（ペア）をつくるように書けばいいんだね！

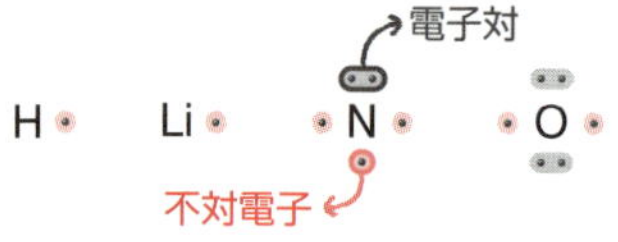

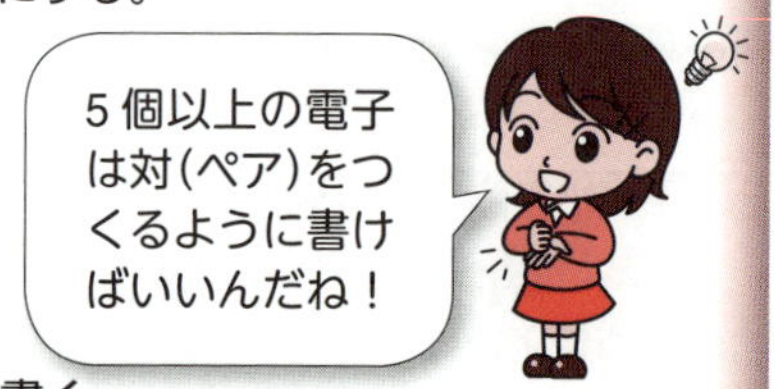

例外　He：　← 2個の電子を対にして書く。

※ 典型元素の場合，最外殻電子の数は，周期表の<u>族番号の一の位の数</u>に等しい。

→ 5-2

Let's Read ! 12-2

例題 12-2

原子に関する記述として**誤りを含むもの**を，次の ① 〜 ④ のうちから一つ選べ。
① リチウム原子の不対電子の数は1個である。
② 酸素原子は2組の電子対をもつ。
③ 窒素原子の不対電子の数は5個である。
④ 塩素原子の原子価は1価である。

解き方を学ぼう！

CHART 12-2 にならって，それぞれ原子の電子式を書いてみよう。

原子	①リチウム原子Li	②酸素原子O	③窒素原子N	④塩素原子Cl
族	1族	16族	15族	17族
最外殻電子の数	1個	6個	5個	7個
電子式	Li・	・Ö・	・N̈・	・C̈l・

③ 窒素原子の電子対は1組，不対電子は3個である。
④ 典型元素では，原子価はその原子がもつ不対電子の数に等しい。

解答 ③

 **CHART 12-3** 分子の構造式と構造(形)

水分子 H_2O をもとに考えていこう。

B 分子の電子式
● 原子の電子式を書き，不対電子を対にするように共有結合する。

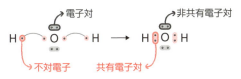

> H_2 や HCl のように 2 個の原子からなる分子の構造は必ず直線形なんだね！

C 分子の構造式
● 共有電子対 : 1 組につき 1 本の線 — で表す。H−O−H
● 非共有電子対 : は書かない。
● 二酸化炭素分子 CO_2 (:Ö::C::Ö:) の中にあるような 2 組の共有電子対による共有結合を二重結合といい，O=C=O と書く。
● 窒素分子 N_2 (:N:::N:) の中にあるような 3 組の共有電子対による共有結合を三重結合といい，N≡N と書く。

D 分子の構造(形) （3個以上の原子からなる分子）
① 中心原子に着目し，上下左右にある原子および非共有電子対の数を調べる。
② それらをできるだけ遠ざけるような構造を書く。
  - 2個のもの ➡ 直線
  - 3個のもの ➡ (正)三角形
  - 4個のもの ➡ (正)四面体
③ ②の構造のうち，原子のみの構造を切り出して，構造を読み取る。
最終的な分子の構造は，次のいずれかである。

　　直線形，折れ線形，(正)三角形，三角錐形，(正)四面体形

①
H:Ö:H
上 ··
下 ··
左 H
右 H
合計 4 個のもの ➡ 四面体

②

③ → 折れ線形

> 分子の電子式や構造式，構造はすべて，原子の電子式からスタートしているのじゃ！

Let's Read! 12-3

例題 12-3

分子の構造に関する記述として**誤りを含むもの**を，次の ① ~ ⑤ のうちから一つ選べ。

① 二酸化炭素分子は二重結合をもっている。
② 二酸化炭素分子の非共有電子対は 4 組である。
③ 二酸化炭素分子は直線形の構造をしている。
④ アンモニア分子は 3 組の共有電子対をもつ。
⑤ アンモニア分子は正三角形の構造をしている。

解き方を学ぼう！

CHART 12-3 にならって，

(A)原子の電子式 ➡ (B)分子の電子式 ➡ (C)分子の構造式 ➡ (D)分子の構造

の手順で，それぞれ分子の構造（形）を調べてみよう。

二酸化炭素分子 CO_2

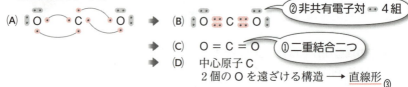

アンモニア分子 NH_3

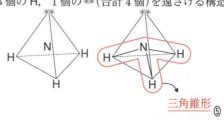

解答 ⑤

CHART 12-4 極性

● 結合の極性

- 同じ原子間の結合 ➡ 結合の極性：なし
- 異なる原子間の結合 ➡ 結合の極性：あり

※異なる原子では，電気陰性度に差があるので，共有電子対のかたよりが生じている（フッ素 F，酸素 O，窒素 N は特に電気陰性度が大きい原子）。

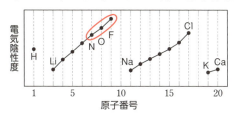

電気陰性度が大きな原子のほうに共有電子対がかたよっている。

H － Cl
結合の極性

δ（デルタ）は「ごくわずか」という意味。
$\delta+$：ごくわずかに正（＋）に帯電していることを示す。
$\delta-$：ごくわずかに負（－）に帯電していることを示す。

● 分子の極性

- 無極性分子 ＝結合の極性が，分子全体で打ち消されているもの。
- 極性分子 ＝結合の極性が，分子全体で打ち消されていないもの。

$\delta-\quad\delta+\quad\delta-$
O ＝ C ＝ O
直線形
↓
無極性分子

結合の極性があるが，互いに打ち消しあっている。

折れ線形
↓
極性分子

結合の極性があり，極性は打ち消されない。

※2個の原子からなる分子（二原子分子）の場合

H_2 など同じ原子からなる分子 ➡ 無極性分子
HCl など異なる原子からなる分子 ➡ 極性分子

※3個以上の原子からなる分子（多原子分子）の場合

CO_2（直線形），BF_3（正三角形），
CH_4（正四面体形）など ➡ 無極性分子

H_2O（折れ線形），NH_3（三角錐形）など ➡ 極性分子
と考えよう！

Let's Read! 🧭 12-4

例題 12-4

極性に関する記述として**誤りを含むもの**を，次の ① ～ ④ のうちから一つ選べ。

① 二酸化炭素分子は無極性分子である。

② 水分子は無極性分子である。

③ アンモニア分子は極性分子である。

④ メタン分子 CH_4 は無極性分子である。

解き方を学ぼう！

いずれも二原子分子ではなく**多原子分子**であるから，**CHART 12-4** にならって，分子の構造から結合の極性が打ち消されているか考えてみよう。なお，**CHART 12-3** でまとめたように，分子の構造は，原子の電子式から調べることができる。

分子	① 二酸化炭素 CO_2	② 水 H_2O	③ アンモニア NH_3	④ メタン CH_4
電子式	:O::C::O:	H:O:H	H:N:H / H	H:C:H / H / H
構造	直線形 $\delta- \leftarrow \delta+ \rightarrow \delta-$ O = C = O	折れ線形 $\delta+$ O $\delta+$ H H $\delta-$	三角錐形 $\delta-$ N $\delta+$ H H $\delta+$ / $\delta+$ H	正四面体形 $\delta+$ H $\delta-$ C $\delta+$ H H $\delta+$ / $\delta+$ H
分子の極性	無極性分子	極性分子	極性分子	無極性分子

解答 ②

Let's Try!

CHART を使って実際に解いてみよう！

問題 12-1

〔センター試験〕 2分

最も多くの原子価をもつ原子を，次の ① ～ ⑤ のうちから一つ選べ。

① 窒素分子中の N

② フッ素分子中の F

③ メタン分子中の C

④ 硫化水素分子中の S

⑤ 酸素分子中の O

64 第2章 粒子の結合

問題 ⑫-❷

[センター試験 改] 3分

次の記述 a ～ c のすべてに当てはまる分子を，下の ① ～ ⑤ のうちから一つ選べ。

a 極性分子である。　b 二重結合をもたない。
c 3組以上の共有電子対をもつ。

① 水　② 窒素　③ アンモニア　④ アセチレン C_2H_2
⑤ 二酸化炭素

Let's Try! の解説

問題 ⑫-❶

それぞれ分子の構造式を書こう。

① :N⌒N: → :N::N: → N≡N　原子価：3価
② :F⌒F: → :F:F: → F−F　原子価：1価
③ H⌒C⌒H (H,H) → H:C:H (H,H) → H−C−H (H,H)　原子価：4価
④ H⌒S⌒H → H:S:H → H−S−H　原子価：2価
⑤ :O⌒O: → :O::O: → O=O　原子価：2価

これらの原子価は，もとの原子の不対電子の数と一致しているので，不対電子の数を考えて解答してもよいぞ！

問題 ⑫-❷

それぞれ分子の電子式と構造式を書こう。
そして，極性の有無を考えよう。

① H:O:H　共有電子対 2組
H−O−H
折れ線形 ➡ 極性分子

② :N:::N:　共有電子対 3組
N≡N
同じ原子からなる分子 ➡ 無極性分子

③ H:N:H (H)　共有電子対 3組
H−N−H (H)
三角錐形 ➡ 極性分子

④ H:C:::C:H　共有電子対 5組
H−C≡C−H
直線形 ➡ 無極性分子

⑤ :O::C::O:　共有電子対 4組
O=C=O
直線形 ➡ 無極性分子

⑫-❶ 解答 ③　　⑫-❷ 解答 ③

12日目　共有結合と分子の極性　65

第2章 粒子の結合

13日目 配位結合

ここでは，配位結合や錯イオンについて，理解を深めよう。

Keywords

- **配位結合** = 一方の原子の非共有電子対を，他方の原子と共有することでできる共有結合。
- **錯イオン** = 非共有電子対をもった分子や陰イオンが金属イオンなどに配位結合してできた複雑な多原子イオン。
- **配位子** = 錯イオンにおいて，金属イオンに配位結合している分子や陰イオンのこと。
- **配位数** = 錯イオンにおいて，金属イオンに配位結合している配位子の数。

CHART 13-1 配位結合のしくみ

例 $NH_3 + H^+ \longrightarrow NH_4^+$

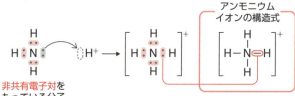

非共有電子対をもっている分子や陰イオン

アンモニウムイオンの構造式

新しくできた結合（配位結合）は他の共有結合とは区別できない。

Let's Read! 13-1

例題 13-1

オキソニウムイオン H_3O^+ に関する記述として正しいものを，次の ①〜④ のうちから一つ選べ。

① 水分子 H_2O と水素イオン H^+ がイオン結合したものである。
② オキソニウムイオンには，三つの O–H 結合が存在するが，そのうち，1 本の長さが長い。
③ オキソニウムイオンの三つの O–H 結合のうち一つはイオン結合である。
④ オキソニウムイオンの三つの O–H 結合はすべて同等で区別できない。

解き方を学ぼう！

CHART 13-1 にならって、水分子 H_2O と水素イオン H^+ から生じるオキソニウムイオン H_3O^+ を書いてみよう。

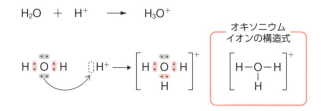

図より、もとの H_2O 分子中の二つの O−H 結合は共有結合で、新しくできた結合は共有結合の一種である配位結合である。ただし、CHART 13-1 より、新しくできた結合(配位結合)は他の共有結合とは区別できない。

解答 ④

Let's Try ! CHARTを使って実際に解いてみよう！

問題 13-1　　　2分

錯イオンや配位結合に関する記述として**誤りを含むもの**を、①〜④のうちから一つ選べ。

① アンモニウムイオンの四つの N−H 結合は、互いに区別できない。
② オキソニウムイオンには配位結合が存在する。
③ アンモニア分子は非共有電子対をもつので、金属イオンと配位結合して錯イオンを形成することができる。
④ オキソニウムイオンは、水分子と水素イオンが配位結合しているため、非共有電子対をもたない。

13日目　配位結合

Let's Try! の解説

問題 ⓫ - ❶

①,③ CHART ⓫-❶ より正しいことがわかる。　→ ⓫-1

② H:Ö:H H⁺ ⟶ [H:Ö:H]⁺ より，新しく配位結合ができる。　→ ⓫-1
　　　　　　　　　　　　 H

④ オキソニウムイオンの電子式は [H:Ö:H]⁺ より，非共有電子対
　　　　　　　　　　　　　　　　 H
　 ⸺ をもっている。　→ ⓫-1

〈配位結合のイメージ〉

「私のプレゼント」　「二人のプレゼント」

p.59の共有結合と区別できないことがわかる。

68　第2章　粒子の結合　　⓫-❶ 解答 ④

参考 錯イオン

●主な配位子と名称

配位子	名称
H_2O	アクア
NH_3	アンミン
CN^-	シアニド
OH^-	ヒドロキシド
Cl^-	クロリド

●配位数の読み方

配位数	数詞
1	モノ
2	ジ
3	トリ
4	テトラ
5	ペンタ
6	ヘキサ

●主な錯イオン

金属イオン	配位子	配位数	化学式	名称
Ag^+	NH_3	2	$[Ag(NH_3)_2]^+$	ジアンミン銀(I)イオン
Zn^{2+}	NH_3	4	$[Zn(NH_3)_4]^{2+}$	テトラアンミン亜鉛(II)イオン
Cu^{2+}	NH_3	4	$[Cu(NH_3)_4]^{2+}$	テトラアンミン銅(II)イオン
Al^{3+}	OH^-	4	$[Al(OH)_4]^-$	テトラヒドロキシドアルミン酸イオン
Zn^{2+}	OH^-	4	$[Zn(OH)_4]^{2-}$	テトラヒドロキシド亜鉛(II)酸イオン
Fe^{2+}	CN^-	6	$[Fe(CN)_6]^{4-}$	ヘキサシアニド鉄(II)酸イオン
Fe^{3+}	CN^-	6	$[Fe(CN)_6]^{3-}$	ヘキサシアニド鉄(III)酸イオン

●発展 名称の例

$[Ag(NH_3)_2]^+$: ジ（配位数2） アンミン（配位子 NH_3） 銀(I)（金属イオン（価数）） イオン（全体が陽イオン）

$[Zn(OH)_4]^{2-}$: テトラ（配位数4） ヒドロキシド（配位子 OH^-） 亜鉛(II)（金属イオン（価数）） 酸イオン（全体が陰イオン）

●発展 主な錯イオンの構造

直線形

正四面体形

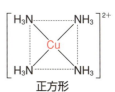
正方形

正八面体形

正八面体形

時間があれば，錯イオンについても確認しておこう！

13日目 配位結合

第2章 粒子の結合

14日目 金属結合

参考 金属の利用については，p.164〜を参照しよう。

ここでは，金属結合でできた物質について，金属結晶の種類とその特徴についておさえよう。

Keywords
- 自由電子 = 金属中を自由に動きまわる電子。
- 金属結合 = 自由電子による金属原子どうしの結合。
- 展性 = 薄く広げられる性質。
- 延性 = 引き延ばされる性質。

CHART 14-1 金属結合

●金属結合のしくみ

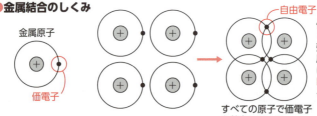

すべての原子で価電子を共有している。

価電子は重なりあった電子殻を伝わり，原子間を自由に移動できる自由電子となる。

●金属の性質
① 金属光沢がある。◀自由電子が外部からの光を反射するため。
② 電気伝導性・熱伝導性がある。◀自由電子が金属中を動きまわるため。
   電気伝導性・熱伝導性が最大の金属：銀 Ag
③ 展性・延性がある。◀変形しても自由電子により結合が維持されるため。
   展性・延性が最大の金属：金 Au

Let's Read! 14-1

例題 14-1

金属に関する記述として**誤りを含むもの**を次の①〜④のうちから一つ選べ。
① 金は展性に富み，金箔などに用いられている。
② 鉄の結晶では，自由電子が鉄原子を互いに結びつける役割を果たしている。
③ 銅の結晶では，各原子の価電子は，特定の原子間で共有されている。
④ 銀は電気をよく通すが，これは結晶の中に自由電子が存在するからである。

解き方を学ぼう！

CHART 14-1 にならって，金属結合について確認しよう。

① 金は展性・延性ともに最大の金属である。なお，金の延性の代表例は金糸である。
②,③ 金属結晶において，各金属原子の価電子は<u>自由電子</u>となり，結晶の中を自由に動きまわることができる。特定の原子間で共有される<u>共有結合</u>とは異なる。
④ 自由電子が結晶の中を移動して，電気や熱を伝えるからである。

解答 ③

Let's Try !

CHARTを使って実際に解いてみよう！

問題 14-1　　2分

金属に関する記述として正しいものを，次の①～⑤のうちから一つ選べ。
① 金属結合は，2個の原子が互いの価電子を共有することにより生じる結合である。
② 金は，すべての金属の中で最もよく電気を通す。
③ 金の展性・延性は，どちらもすべての金属の中で最大である。
④ 金属はいずれも銀白色の金属光沢をもつ。
⑤ 金属は常温・常圧ですべて固体である。

Let's Try ! の解説

問題 14-1

① これは共有結合を表している。金属結合は，<u>自由電子</u>を媒介とした金属原子どうしの結合であり，2個の原子間のみではなく，多くの原子間で価電子を自由電子として共有するものである。　→ 14-1
②,③ 電気伝導性が最大の金属は<u>銀</u>であり，展性・延性が最大の金属は<u>金</u>である。　→ 14-1
④ 金属はいずれも金属光沢をもつ。銀白色のものが多いが，金(黄金色)や銅(赤色)のように銀白色でないものもある(参 p.164)。
⑤ 金属の中では，水銀は常温・常圧で液体である。　→ 9-2

明日は今までに学習した結合の結晶について学習するよ！
2章もあと一息だよ！

14-1　解答 ③

14日目　金属結合

第2章 粒子の結合

15日目 化学結合と結晶の性質

ここでは，分子間力が物質の性質にどのようにつながっているか考えていこう。

keywords
- 結晶 = 粒子が規則正しく並んでいる固体。
- 分子間力 = 分子間にはたらく引力。
- ファンデルワールス力 = すべての分子間にはたらく弱い引力。
- 水素結合 = 電気陰性度の特に大きな原子(F，O，N)の間にH原子をはさんでできる分子間の結合。

CHART 15-1 化学結合

● 化学結合の強弱

共有結合 > イオン結合 ， 金属結合 ≫ 水素結合 ≫ ファンデルワールス力

● 分子内の結合の区別

2個の原子の電気陰性度の差が
- 小さい ➡ 共有結合(，金属結合)
- 大きい ➡ イオン結合

一般的に，2個の原子が
- 非金属元素どうし ➡ 共有結合
- 金属元素と非金属元素 ➡ イオン結合
- 金属元素どうし ➡ 金属結合

例外 NH_4Cl のように NH_4 を含むものは，陽イオンであるアンモニウムイオン NH_4^+ と陰イオンとのイオン結合である。

● **発展** 分子間力(分子間にはたらく引力)の種類

分子間力
- 水素結合…分子間力の中では極めて強い力
- ファンデルワールス力 (分子量が大きいほど大きくなる。)
- 極性分子の間にはたらく引力 > 無極性分子の間にはたらく引力

分子間力 大 ➡ 融点・沸点 高くなる

Let's Read! 15-1

例題 15-1

イオン結合でできているものを，次の ① ～ ④ のうちから一つ選べ。
① 塩化ナトリウム ② ダイヤモンド ③ 二酸化炭素 ④ 銅

解き方を学ぼう！

CHART 15-1 にならって，物質がどのような原子から構成されているかに着目し，どの結合に該当するか考えよう。

① ナトリウム原子 Na（金属元素）と塩素原子 Cl（非金属元素）の結合　➡イオン結合
② 炭素原子 C（非金属元素）どうしの結合　➡共有結合
③ 炭素原子 C（非金属元素）と酸素原子 O（非金属元素）の結合　➡共有結合
④ 銅原子 Cu（金属元素）どうしの結合　➡金属結合

解答 ①

CHART 15-2　結晶の性質の比較

分類	イオン結晶	分子結晶	共有結合結晶(*1)	金属結晶
結晶の例	塩化ナトリウム NaCl 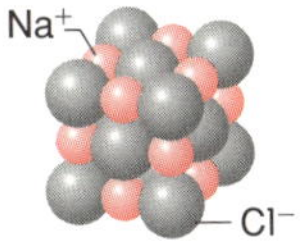	二酸化炭素 CO_2 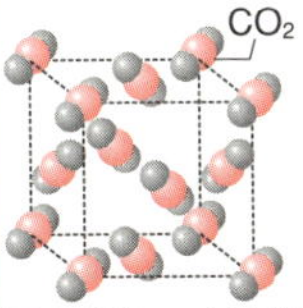 図の線（-----）は規則的に並んだ CO_2 分子の位置関係を示す。	ダイヤモンド C 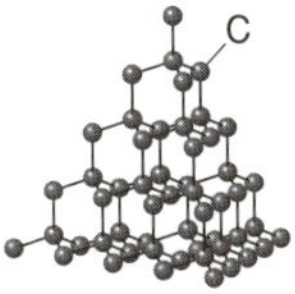	銅 Cu 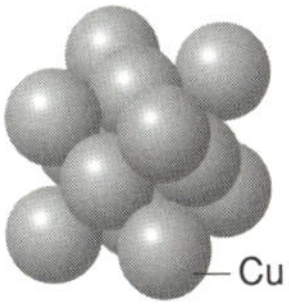
結合の種類	イオン結合	分子内：共有結合　分子間：分子間力	共有結合	金属結合
構成粒子	陽イオンと陰イオン	分子	原子	原子と自由電子
構成元素	金属元素と非金属元素	非金属元素	非金属元素	金属元素
化学式	組成式	分子式	組成式	組成式
融点	高い	低い(*2)	非常に高い	高いものが多い
電気伝導性	なし(*3)	なし	なし(*4)	あり

*1　共有結合結晶になる物質の代表例：
　　ダイヤモンド C，黒鉛 C，ケイ素 Si，二酸化ケイ素 SiO_2
　　これら以外の非金属元素の原子からなる結晶は，分子結晶であると考えてよい。
*2　分子間力が小さいため，ヨウ素 I_2 や二酸化炭素 CO_2 などは昇華する。
*3　イオン結晶は固体の状態では電気伝導性がないが，液体にしたり水溶液にしたりすると電気伝導性をもつ。
*4　黒鉛 C のみ例外で，電気伝導性をもつ。

15日目　化学結合と結晶の性質

Let's Read! 🧭 15-2

例題 15-2
［センター試験 改］

結晶の性質に関する記述として**誤りを含むもの**を，次の ① ～ ⑤ のうちから一つ選べ。

① 分子結晶は，イオン結晶に比べると一般に融点が低い。

② 分子結晶は，電気を導かない。

③ 分子結晶には，常温で昇華するものがある。

④ 黒鉛の結晶では，それぞれの炭素原子が四つの等価な共有結合を形成している。

⑤ ダイヤモンドや二酸化ケイ素をはじめとする共有結合結晶の中には，電気を導くものがある。

解き方を学ぼう！

CHART 15-2 の結晶の性質を思い出そう。

① イオン結晶の融点は高く，分子結晶の融点は<u>低いものが多い</u>。

② 固体(結晶)の状態で電気を通すのは金属結晶であり，分子結晶は電気を導かない。

③ 分子結晶の代表例であるヨウ素 I_2 や二酸化炭素 CO_2 は，<u>昇華しやすい物質</u>である。

④ これはダイヤモンドに関する説明である。黒鉛では，炭素原子の 4 個の価電子のうち<u>3 個</u>が共有結合に用いられ，残りの 1 個は自由電子として結晶の中を自由に動くことができる。

⑤ 黒鉛は共有結合結晶であるが，黒鉛のみ例外で，結合に使われない価電子が自由電子として，結晶の中を自由に動きまわることができるため，<u>電気伝導性</u>をもつ。

解答 ④

Let's Try! CHARTを使って実際に解いてみよう！

問題 15-1
2分

化学結合に関する記述として**誤りを含むもの**を，次の ① ～ ④ のうちから一つ選べ。

① 電気陰性度の差が小さい 2 個の原子の間の結合は，一般に共有結合である。

② 合金では，異なる金属元素の原子どうしでイオン結合が生じている。

③ 塩化水素分子内の水素原子と塩素原子の結合は，共有結合である。

④ 二酸化ケイ素の結晶では，それぞれのケイ素原子が 4 個の酸素原子と共有結合している。

74　第2章 粒子の結合

Let's Try! の解説

問題 15-1

① 2個の原子の間の結合が，共有結合になるかイオン結合になるかは，電気陰性度の差の大小で決まる。

② 金属元素の原子どうしの結合なので，金属結合である。

③ 水素原子H(非金属元素)と塩素原子Cl(非金属元素)の結合は，共有結合である。

④ 二酸化ケイ素の結晶は，ダイヤモンドの結晶構造のCがSiにかわり，2個のSiの間にOを配置させたものと考えるとよい。二酸化ケイ素の結晶は共有結合結晶である。

〈二酸化ケイ素 SiO₂〉

結晶の種類ってたくさんあるんだね。

CHART 15-2 のように整理して覚えよう！

15-1 解答 ②

15日目 化学結合と結晶の性質 75

第2章　演習問題

1

［センター試験］　**3分**

アンモニウムイオン NH_4^+ に関する記述として正しいものを，次の ① ～ ⑤ のうちから一つ選べ。

① アンモニア分子 NH_3 と水素イオン H^+ のイオン結合でできている。

② 立体的な形がメタン分子 CH_4 とは異なる。

③ それぞれの原子の電子配置は，貴ガスの原子の電子配置と似ている。

④ 四つの N−H 結合のうちの一つは配位結合で，他の共有結合と区別できる。

⑤ 電子の総数は 11 個である。

例題 **6** - **2** ，**12** - **3** ，**13** - **1**

2

3分

化学結合に関する記述として**誤りを含むもの**を，次の ① ～ ④ のうちから一つ選べ。

① NH_3 は非共有電子対を 1 個もつ。

② H_2S は無極性分子である。

③ H_3O^+ 中の三つの O−H 結合は，まったく同じで区別できない。

④ 塩化ナトリウムの結晶は，イオン結合からなる。

例題 **11** - **1** ，**12** - **2** ，**12** - **3** ，**12** - **4** ，**13** - **1**

3

［センター試験］　**2分**

化学結合に関する記述として**誤りを含むもの**を，次の ① ～ ⑤ のうちから一つ選べ。

① 共有結合結晶は，原子間で電子対を共有するため，電気伝導性を示すものはない。

② イオン結晶は，陽イオンと陰イオンからなるが，水に溶けにくいものもある。

③ 金属は，一般に熱や電気をよく導き，展性・延性を示す。

④ 分子結晶では，分子間にはたらく力が弱いため，室温で昇華するものがある。

⑤ 水分子は，非共有電子対をもつので，水素イオンと配位結合することができる。

例題 **11** - **1** ，**13** - **1** ，**14** - **1** ，**15** - **2**

76 第2章　粒子の結合

解説

1

①,④ アンモニウムイオン NH_4^+ は，アンモニア分子 NH_3 に水素イオン H^+ が配位結合したものであり，この結合は他の共有結合とは区別できない。

② アンモニウムイオンの電子式は図のようになるので，その構造はメタン分子 CH_4 と同じ正四面体形である。

アンモニウムイオン

③ N 原子は Ne 原子に，H 原子は He 原子に似た電子配置をとる。

⑤ N 原子，H 原子の電子の数がそれぞれ 7 個，1 個であることと，アンモニウムイオン NH_4^+ が 1 価の陽イオンであることから，
 $7 + 1 \times 4 - 1 = 10$ 個

2

① NH_3 の電子式は より，非共有電子対は 1 組。

② H_2S の電子式は  となり，構造は より，折れ線形。水と同様，折れ線形をしているので，結合の極性は打ち消されずに，極性分子になる。

③ H_3O^+ は水分子 H_2O と水素イオン H^+ が配位結合したものであり，この結合は他の共有結合とは区別できない。

④ 塩化ナトリウムの結晶は，ナトリウムイオン Na^+ と塩化物イオン Cl^- とがイオン結合で結びついてできたイオン結晶である。

3

① 黒鉛は共有結合結晶であるが，電気伝導性を示す。
② イオン結晶でも，塩化銀 $AgCl$，炭酸カルシウム $CaCO_3$ などは水に溶けにくい。
③ 金属結晶の性質である。
④ ヨウ素 I_2 や二酸化炭素 CO_2 は室温で昇華する。
⑤ 水分子 H_2O と水素イオン H^+ が配位結合し，オキソニウムイオン H_3O^+ が生成する。

1 解答 ③ **2** 解答 ② **3** 解答 ①

4

2分

原子どうしの化学結合においては，原子の価電子が重要なはたらきをする。化学結合に関する記述として**誤りを含むもの**を，次の ① ～ ⑥ のうちから一つ選べ。

① ナトリウム原子は価電子を1個失い，塩化物イオンとイオン結合する。

② ナトリウム原子は価電子を他のナトリウム原子と共有することで金属結合する。

③ 水素原子は価電子を1個失い，フッ化物イオンとイオン結合する。

④ 水素原子と窒素原子は互いに価電子を出しあって共有結合し，アンモニア分子ができる。

⑤ 水素原子は価電子を1個失い，アンモニア分子と配位結合する。

⑥ ダイヤモンドの結晶の中では，炭素原子の価電子がすべて共有結合に用いられている。

例題 ⑪ - **1** , ⑫ - **1** , ⑬ - **1** , ⑭ - **1** , ⑮ - **1** , ⑮ - **2**

5

［センター試験 改］ 2分

化学結合に関する次の記述 a ～ c の下線部について，正誤の組合せとして正しいものを，下の ① ～ ⑧ のうちから一つ選べ。

a　C−H，N−H，O−H および F−H 結合の中で，<u>極性の一番大きな結合はO−H結合である。</u>

b　二酸化炭素分子が無極性分子であるのは，<u>C＝O結合に極性がないからである。</u>

c　銅と黒鉛では，<u>結晶内を動きやすい価電子が存在するので</u>，どちらの物質も電気をよく通す。

	a	b	c
①	正	正	正
②	正	正	誤
③	正	誤	正
④	正	誤	誤
⑤	誤	正	正
⑥	誤	正	誤
⑦	誤	誤	正
⑧	誤	誤	誤

例題 ⑫ - **4** , ⑭ - **1** , ⑮ - **2**

第2章　粒子の結合

解説

4

① ナトリウムは**金属元素の原子**，塩素は**非金属元素の原子**であるから，イオン結合する。ナトリウムは1族の原子であるから価電子を1個失い，1価の陽イオンとなる。　→ ⑪-1, ⑮-1

② ナトリウムは**金属元素の原子**であるから，ナトリウム原子どうしの結合は金属結合である。　→ ⑭-1, ⑮-1

③ 水素もフッ素も**非金属元素の原子**であるから，原子のまま価電子を共有し，共有結合する。　→ ⑫-1, ⑮-1

④ 水素も窒素も**非金属元素の原子**であるから，共有結合する。　→ ⑫-1, ⑮-1

⑤ アンモニア分子 NH_3 と水素イオン H^+ が配位結合し，アンモニウムイオンが生成する。　→ ⑬-1

⑥ 共有結合結晶の一つであるダイヤモンドの結晶の中では，炭素原子の4個の価電子がすべて他の炭素原子との共有結合に用いられている。　→ ⑮-2

5

a F，O，N は電気陰性度の大きな原子であり，中でも F は最大である。したがって，F 原子と他の原子が結合すると，結合の極性が大きくなる。よって，F−H 結合の極性が最大である。　→ ⑫-4

b 異なる原子どうしであれば，必ず結合の極性が生じる。したがって，C＝O 結合にも結合の極性はあるが，二酸化炭素 CO_2 は直線形の分子であるから，分子全体でこの結合の極性を打ち消しあっていて，無極性分子である。　→ ⑫-4

c 銅は金属結晶であり，電気伝導性をもつ。これは，価電子が自由電子となり，自由電子が金属中を動きまわるためである。　→ ⑭-1
黒鉛は共有結合結晶であるが，結合に使われない価電子が自由電子として結晶の中を自由に動きまわることができるため，電気伝導性をもつ。　→ ⑮-2

粒子の結合についてしっかり理解を深めることはできたかな？

第3章 物質量と化学反応式

1回目 ／ 　2回目 ／

16日目 原子量と分子量と式量

ここでは，粒子を取り扱うための約束「原子量・分子量・式量」をマスターしよう。

keywords

原子量	=	$^{12}_{6}C$ 原子1個の質量を12とし，同位体の存在比を考慮した各元素の原子の相対質量の平均値。
分子量	=	分子を構成する元素の原子量の総和。
式　量	=	イオン式や組成式に含まれる元素の原子量の総和。

CHART 16-1　原子量の求め方

● 相対質量

相対質量を求めたい原子を ● で表すとすると，

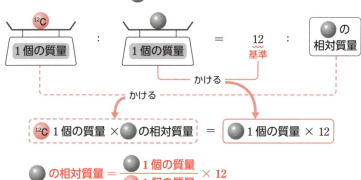

相対質量はほぼ原子核中の陽子と中性子の数で決まる。　参▷別冊 p.63

● 原子量

原子量＝(その元素の原子の同位体の相対質量×存在比)の総和

Let's Read! 🔍 16-1

例題 16-1

a 質量数 12 の炭素原子 1 個の質量は，2.0×10^{-23}g である。1 個の質量が 3.8×10^{-23}g であるナトリウム原子の相対質量はいくらか。最も適当な数値を，次の ① 〜 ⑤ のうちから一つ選べ。

① 7.0　　② 9.0　　③ 16　　④ 23　　⑤ 40

b ホウ素には天然に ^{10}B 原子（相対質量 10.0）が 20.0 ％，^{11}B 原子（相対質量 11.0）が 80.0 ％の割合で存在する。ホウ素の原子量はいくらか。最も適当な数値を，次の ① 〜 ⑥ のうちから一つ選べ。

① 10.0　　② 10.2　　③ 10.4　　④ 10.6　　⑤ 10.8　　⑥ 11.0

解き方を学ぼう！

a **CHART** 16-1 の相対質量をもとに考えてみよう。ナトリウム原子 Na の相対質量を x とすると，

$$\boxed{2.0 \times 10^{-23}\text{g}} \quad : \quad \boxed{3.8 \times 10^{-23}\text{g}} \quad = \quad 12 \quad : \quad x$$

Na の相対質量 $= \dfrac{\text{Na 1 個の質量}}{^{12}\text{C 1 個の質量}} \times 12$　より，

$$x = \frac{3.8 \times 10^{-23}\text{g}}{2.0 \times 10^{-23}\text{g}} \times 12 = 22.8 \fallingdotseq 23$$

解答 ④

b **CHART** 16-1 の原子量を求める式に当てはめてみよう。

$$\text{ホウ素の原子量} = \underbrace{10.0 \times \frac{20.0}{100}}_{\left(\substack{^{10}\text{B の} \\ \text{相対質量}}\right) \times \left(\substack{^{10}\text{B の} \\ \text{存在比}}\right)} + \underbrace{11.0 \times \frac{80.0}{100}}_{\left(\substack{^{11}\text{B の} \\ \text{相対質量}}\right) \times \left(\substack{^{11}\text{B の} \\ \text{存在比}}\right)} = 10.8$$

解答 ⑤

CHART 16-2 分子量・式量

分子量＝分子を構成する元素の原子量の総和。

〈H₂Oの分子量〉

   →

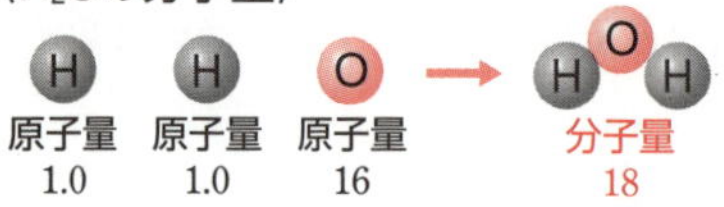

原子量 1.0 原子量 1.0 原子量 16 　分子量 18

○ O の原子量と H の原子量 × 2 を足すんだね！

式量＝イオン式や組成式に含まれる元素の原子量の総和。

※電子の質量は原子核の質量に比べると無視できるほど小さいので，イオンの質量はもとの原子の質量と同じと考えてよい。

〈Na⁺の式量〉

Na → Na⁺
原子量 23　　式量 23

〈NaClの式量〉

Na　　Cl　　→　　NaCl
原子量 23　原子量 35.5　　式量 58.5

○ Na の原子量と Cl の原子量を足すんだね！

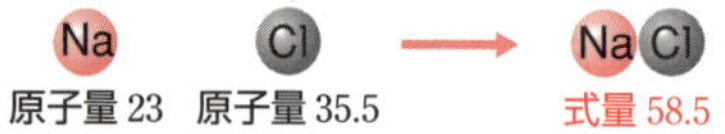

Let's Read! 16-2

例題 16-2　　　　　　　　　　　　　　　　　　　　　　　［センター試験 改］

1gに含まれる粒子の数が最も多い物質はどれか。次の①〜④のうちから一つ選べ。
H = 1.0, N = 14, O = 16, S = 32, Cl = 35.5, K = 39, Ca = 40
① 水　　② 硫酸　　③ 塩化カルシウム　　④ 硝酸カリウム

解き方を学ぼう！

分子量や式量が小さいほど，1gに含まれる粒子の数は多くなる。➡それぞれ化学式で表し，CHART 16-2 のように分子量や式量を求めてみよう。

① 水 H_2O
　 H × 2 + O × 1 より，1.0 × 2 + 16 × 1 = 18 　（分子量）←いちばん分子量が小さい

② 硫酸 H_2SO_4
　 H × 2 + S × 1 + O × 4 より，1.0 × 2 + 32 × 1 + 16 × 4 = 98 　（分子量）

③ 塩化カルシウム $CaCl_2$
　 Ca × 1 + Cl × 2 より，40 × 1 + 35.5 × 2 = 111 　（式量）

④ 硝酸カリウム KNO_3
　 K × 1 + N × 1 + O × 3 より，39 × 1 + 14 × 1 + 16 × 3 = 101 　（式量）

解答 ①

第3章　物質量と化学反応式

Let's Try ! CHARTを使って実際に解いてみよう！

問題 16 - 1 [3分]

天然の銅は ^{63}Cu と ^{65}Cu の2種類の同位体からなり，その原子量は 63.5 である。^{63}Cu の相対質量を 62.9，^{65}Cu の相対質量を 64.9 とすると，天然の ^{65}Cu の存在比（原子の数の割合(%)）として最も適切な数値を，次の ① ～ ⑥ のうちから一つ選べ。

① 11 ② 25 ③ 30 ④ 50 ⑤ 67 ⑥ 75

問題 16 - 2 [3分]

ある金属 M の原子量は 27 で，M 18g は酸素 16g と反応して酸化物を生じる。この酸化物の化学式として考えられるものを，次の ① ～ ⑥ のうちから一つ選べ。O = 16

① M_2O ② MO ③ M_2O_3 ④ MO_2 ⑤ M_2O_5 ⑥ MO_3

Let's Try ! の 解 説

問題 16 - 1

^{65}Cu の存在比を x [%] とすると，^{63}Cu の存在比は $(100-x)$ [%] となる。

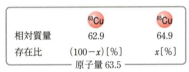

	^{63}Cu	^{65}Cu
相対質量	62.9	64.9
存在比	$(100-x)$ [%]	x [%]

原子量 63.5

原子量＝（その元素の原子の同位体の相対質量×存在比）の総和 より，→ 16-1

$$63.5 = 62.9 \times \frac{100-x}{100} + 64.9 \times \frac{x}{100} \qquad x = 30\%$$

（^{63}Cu の相対質量）×（^{63}Cu の存在比）＋（^{65}Cu の相対質量）×（^{65}Cu の存在比）

問題 16 - 2

化学式は原子の個数の割合を示しているので，この金属の酸化物（参 p.144）に存在する M と O の原子の個数の割合を考えればよい。

反応する原子の質量の比を原子1個の質量の比（原子量）で割ると個数の比が出るので， → 16-2

原子	反応する質量	原子量	個数の比
M	18g	27	$\frac{18}{27}$
O	16g	16	$\frac{16}{16}$

これより，M:O $= \frac{18}{27} : \frac{16}{16} = \frac{2}{3} : 1 = 2:3$ よって，M_2O_3 となる。

16-1 解答 ③   16-2 解答 ③   16日目 原子量と分子量と式量

第3章 物質量と化学反応式

| 1回目 | ／ | 2回目 | ／ |

17日目 物質量とモル質量

ここでは，化学の基本単位である物質量とその考え方をマスターしよう。

Keywords

物質量 ＝ 原子・分子・イオンなどの粒子について，6.0×10^{23} 個の集団を1molとして表した物質の量。

アボガドロ定数 N_A ＝ 物質1mol当たりの粒子の数。6.0×10^{23}/mol。

モル質量 ＝ 物質を構成する粒子1mol当たりの質量。

CHART 17-1 物質量

$$物質量[mol] = \frac{粒子の数}{6.0 \times 10^{23}/mol}$$
←原子・分子・イオンなどの数
←アボガドロ定数 N_A

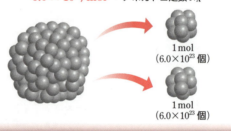

Let's Read! 17-1

例題 17-1 〔センター試験〕

アンモニア分子 4.2×10^{23} 個の物質量[mol]とその中の水素原子の物質量[mol]の組合せとして正しいものを，次の ①～⑥ のうちから一つ選べ。
アボガドロ定数 6.0×10^{23}/mol

	アンモニア分子[mol]	水素原子[mol]
①	0.70	0.21
②	0.70	2.1
③	0.10	0.21
④	0.10	2.1
⑤	0.07	0.21
⑥	0.07	2.1

解き方を学ぼう！

CHART 17-1 に当てはめてみよう。アンモニア分子 NH_3 の物質量を x [mol] とすると，物質量 [mol] $= \dfrac{\text{粒子の数}}{6.0 \times 10^{23}\text{/mol}}$ より，

$$x\,[\text{mol}] = \dfrac{4.2 \times 10^{23}}{6.0 \times 10^{23}\text{/mol}} = 0.70\,\text{mol}$$

次にアンモニア分子の構造を考えてみよう。
アンモニア分子 1 個には水素原子 Ⓗ が 3 個結合している。よって，アンモニア分子の数の 3 倍の水素原子が存在するので，水素原子の物質量は $0.70\,\text{mol} \times 3 = 2.1\,\text{mol}$

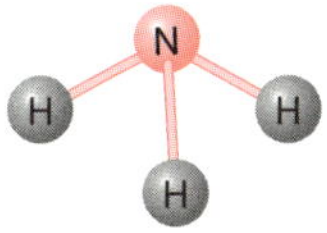

解答 ②

CHART 17-2 モル質量

物質を構成する粒子 **1 mol 当たりの質量**を**モル質量**という。

← 1 mol 当たりの質量

モル質量は，原子量・分子量・式量に単位 g/mol をつけた値とほぼ同じと考えてよいのじゃ！

1 mol 当たりの質量は…？

Let's Read ! 17-2

例題 17-2

混合気体の質量が大きい順に並んでいるものを，次の ① ～ ⑥ のうちから一つ選べ。
H = 1.0, N = 14, O = 16

a 水素 0.30 mol と酸素 0.80 mol を混合した気体
b 窒素 0.30 mol と酸素 0.50 mol を混合した気体
c 水素 0.80 mol と窒素 0.90 mol を混合した気体

① a > b > c   ② a > c > b   ③ b > c > a   ④ b > a > c
⑤ c > a > b   ⑥ c > b > a

17 日目 物質量とモル質量

解き方を学ぼう！

CHART 17-2 より，水素，酸素，窒素の 1 mol 当たりの質量（モル質量）を求めてみよう。

物質	水素 H_2	酸素 O_2	窒素 N_2
分子量	$1.0 \times 2 = 2.0$	$16 \times 2 = 32$	$14 \times 2 = 28$

↓ g/mol をつけると，

モル質量	2.0 g/mol	32 g/mol	28 g/mol

混合気体それぞれの質量を求めてみよう。

a 2.0 g/mol × 0.30 mol + 32 g/mol × 0.80 mol = 26.2 g
b 28 g/mol × 0.30 mol + 32 g/mol × 0.50 mol = 24.4 g
c 2.0 g/mol × 0.80 mol + 28 g/mol × 0.90 mol = 26.8 g

よって，質量の大きさは，**c > a > b** となる。

解答 ⑤

例えば，水素 1 mol 当たりの質量は 2.0 g だから，0.30 mol の質量は，2.0 g/mol × 0.30 mol = 0.60 g となるんだね！

Let's Try !

CHART を使って実際に解いてみよう！

問題 17-1 （2分）

1 mol の水 H_2O には，6.0×10^{23} 個の分子が含まれる。18 g の水には，何個の水素原子が含まれるか。次の ① ～ ⑥ のうちから一つ選べ。H = 1.0，O = 16

① 1.0×10^{23} 　② 2.0×10^{23} 　③ 3.0×10^{23}
④ 6.0×10^{23} 　⑤ 1.2×10^{24} 　⑥ 2.4×10^{24}

問題 17-2 （3分）

d [g/cm³] の密度をもつ金属の結晶構造を調べたところ，一辺の長さが a [cm] の立方体中に b 個の原子が含まれていた。この金属のモル質量を M [g/mol] として，アボガドロ定数の見積もりとして正しく表しているものを，次の ① ～ ⑤ のうちから一つ選べ。

① $\dfrac{bM}{a^3 d}$ 　② $\dfrac{M}{a^3 b d}$ 　③ $\dfrac{a^3 d}{bM}$ 　④ $\dfrac{dM}{a^3 b}$ 　⑤ $\dfrac{a^3 M}{bd}$

Let's Try! の解説

問題 ⑰ - 1

18 g の水 H_2O は 1 mol = 6.0×10^{23} 個である。
水分子 1 個の中には，2 個の H 原子が含まれているので，
H 原子の数は，$2 \times 6.0 \times 10^{23}$ 個 = 1.2×10^{24} 個

問題 ⑰ - 2

原子 1 mol 当たりの質量がモル質量 M [g/mol] である。
金属結晶の密度は，次の(1)の式で求められる。

$$\text{結晶の密度[g/cm}^3\text{]} = \frac{\text{立方体の質量(原子 } b \text{ 個の質量)[g]}}{\text{立方体の体積[cm}^3\text{]}} \quad \cdots(1)$$

原子 1 mol 当たりの質量がモル質量 M [g/mol] であるので，モル質量を 1 mol 当たりの原子の数(アボガドロ定数)N_A [/mol] で割ると，原子 1 個当たりの質量 $\frac{M}{N_A}$ [g] が求められる。結晶の密度 d [g/cm³]，立方体の一辺の長さ a [cm] を(1)の式に代入して，

$$d = \frac{\frac{M}{N_A} \times b}{a^3}$$

よって，$N_A = \frac{bM}{a^3 d}$

⑰-1 解答 ⑤   ⑰-2 解答 ①

第3章 物質量と化学反応式

1回目 ／	2回目 ／

18日目 モル体積・気体の密度

ここでは，物質量を中心に粒子の個数・モル質量・気体の体積は互いに換算できることを学ぼう。

Keywords **モル体積** ＝ 物質 1 mol 当たりの体積。気体のモル体積は，標準状態(0℃，1.013×10⁵ Pa)で 22.4 L/mol。

CHART 18-1 モル体積

物質 **1 mol** 当たりの体積を**モル体積**という。

$$\text{物質量〔mol〕} = \frac{\text{気体の体積〔L〕}}{22.4\,\text{L/mol}}$$
←標準状態での体積
←1 mol 当たりの体積(モル体積)

体積 22.4 L

温度：0℃
圧力：1.013×10⁵ Pa

この温度・圧力の状態を標準状態という。

Let's Read! 18-1

例題 18-1

［センター試験 改］

標準状態における体積が最も大きいものを，次の ① ～ ⑤ のうちから一つ選べ。
H = 1.0, He = 4.0, C = 12, N = 14, O = 16

① 2.0 g の H_2 ② 20 L の He   ③ 88 g の CO_2

④ 30.8 g の N_2 ⑤ 2.5 mol の CH_4

解き方を学ぼう！

CHART 18-1 より，標準状態では**気体の体積〔L〕= 22.4 L/mol ×物質量〔mol〕**である。

① H_2 のモル質量は 2.0 g/mol なので，2.0 g の H_2 の体積は

$$22.4\,\text{L/mol} \times \frac{2.0\,\text{g}}{2.0\,\text{g/mol}} = 22.4\,\text{L}$$
物質量 → 17-2

② 20 L

③ CO_2 のモル質量は 44 g/mol なので，88 g の CO_2 の体積は

$$22.4\,\text{L/mol} \times \frac{88\,\text{g}}{44\,\text{g/mol}} = 44.8\,\text{L}$$
物質量

④ N_2 のモル質量は 28 g/mol なので，30.8 g の N_2 の体積は

$$22.4\,\text{L/mol} \times \frac{30.8\,\text{g}}{28\,\text{g/mol}} = 24.64\,\text{L} ≒ 25\,\text{L}$$
物質量

⑤ 2.5 mol の CH₄ の体積は 22.4 L/mol × 2.5 mol = 56 L
よって，体積の大きさは，⑤ > ③ > ④ > ① > ② となる。

解答 ⑤

CHART 18-2 気体の密度

気体1L当たりの質量を**気体の密度**といい，標準状態の気体の密度は次のように求められる。

$$\text{気体の密度}[g/L] = \frac{\text{モル質量}[g/mol]}{22.4\,L/mol} \quad \begin{array}{l}\leftarrow 1\,mol\,当たりの質量\\ \leftarrow 1\,mol\,当たりの体積\end{array}$$

Let's Read! 18-2

例題 18-2　　　　　　　　　　　　　　　　　　　　　　　［センター試験 改]

常温・常圧で空気より密度が大きいものどうしの組合せを，次の①～⑤のうちから一つ選べ。ただし，空気は窒素と酸素の体積比が 4:1 の混合気体であるとする。
H = 1.0, C = 12, N = 14, O = 16, F = 19, Ne = 20, Ar = 40
① CH₄ と CO₂　② N₂ と CO　③ O₂ と F₂　④ NH₃ と NO₂
⑤ Ne と Ar

解き方を学ぼう！

CHART 18-2 より，気体の密度[g/L]とモル質量[g/mol]は比例する。つまり，気体の密度の大小はモル質量の大小を考えればよい。
混合気体では **CHART 16-1** のように平均値をとっても成りたつ。

空気の平均分子量(モル質量)は，$28\,g/mol \times \frac{4}{4+1} + 32\,g/mol \times \frac{1}{4+1} = 28.8\,g/mol$
　　　　　　　　　　　　　　　　　　　　　　N₂　　　　　　　　　　　　O₂

① CH₄(16 g/mol) と CO₂(**44 g/mol**)
② N₂(28 g/mol) と CO(28 g/mol)
③ O₂(**32 g/mol**) と F₂(**38 g/mol**)
④ NH₃(17 g/mol) と NO₂(**46 g/mol**)
⑤ Ne(20 g/mol) と Ar(**40 g/mol**)

解答 ③

18日目　モル体積・気体の密度

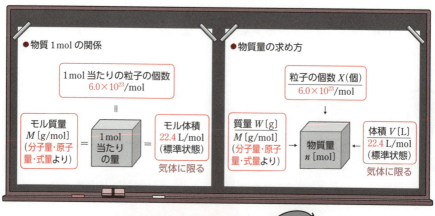

Let's Try !

CHARTを使って実際に解いてみよう！

問題 18 - 1

[センター試験 改]   3分

標準状態で，ある体積の空気の質量を測定したところ 0.29 g であった。次に，標準状態で同体積の別の気体の質量を測定したところ 0.46 g であった。この気体は何か。最も適当なものを，次の ① ～ ⑤ のうちから一つ選べ。ただし，空気は窒素と酸素の体積比が 4：1 の混合気体であるとする。H = 1.0, C = 12, N = 14, O = 16, Ar = 40, Xe = 131

① アルゴン　② キセノン　③ メタン　④ 二酸化窒素　⑤ 二酸化炭素

問題 18 - 2

[センター試験]   3分

標準状態で 2.8 L を占める気体の質量が 2.0 g である物質として正しいものを，次の ① ～ ⑤ のうちから一つ選べ。H = 1.0, He = 4.0, C = 12, O = 16, Ne = 20, Cl = 35.5

① He　② Ne　③ O_2　④ Cl_2　⑤ CH_4

Let's Try！の解説

問題 18 - 1

標準状態で同体積の気体 ➡ **物質量が等しい**ということである。

空気の平均分子量(モル質量)は，$28\,\text{g/mol} \times \dfrac{4}{4+1}$ + $32\,\text{g/mol} \times \dfrac{1}{4+1}$
$\underbrace{}_{\text{N}_2}\underbrace{}_{\text{O}_2}$
$= 28.8\,\text{g/mol} \fallingdotseq 29\,\text{g/mol}$

この気体のモル質量を $M\,[\text{g/mol}]$ とすると，物質量について，

$$\dfrac{0.29\,\text{g}}{29\,\text{g/mol}} = \dfrac{0.46\,\text{g}}{M\,[\text{g/mol}]} \quad M = 46\,\text{g/mol}$$

したがって，この気体の分子量は 46 となり，NO_2 である。

$\begin{pmatrix} ① & \text{アルゴン Ar} = 40, & ② & \text{キセノン Xe} = 131, & ③ & \text{メタン CH}_4 = 16, \\ ④ & \text{二酸化窒素 NO}_2 = 46, & ⑤ & \text{二酸化炭素 CO}_2 = 44 & & \end{pmatrix}$

問題 18 - 2

標準状態で 2.8 L を占める気体の密度は，$\dfrac{2.0\,\text{g}}{2.8\,\text{L}} = \dfrac{5}{7}\,\text{g/L}$ となる。

気体の密度$[\text{g/L}] = \dfrac{\text{モル質量}[\text{g/mol}]}{22.4\,\text{L/mol}}$ より，

モル質量$[\text{g/mol}] = \dfrac{5}{7}\,\text{g/L} \times 22.4\,\text{L/mol} = 16\,\text{g/mol}$

この気体の分子量は 16 となり，CH_4 である。

$\begin{pmatrix} ① & \text{He} = 4.0, & ② & \text{Ne} = 20, & ③ & \text{O}_2 = 32, \\ ④ & \text{Cl}_2 = 71, & ⑤ & \text{CH}_4 = 16 & & \end{pmatrix}$

18 - 1　解答 ④　　18 - 2　解答 ⑤　　18日目　モル体積・気体の密度

第3章 物質量と化学反応式

19日目 固体の溶解度・再結晶

ここでは，固体の溶解度と温度による溶解度の違いについて考えよう。

Keywords

- **溶 解 度** ＝ 溶媒(参 p.96) 100 g 当たりに溶解する溶質(参 p.96)の最大質量。
- **溶解度曲線** ＝ 温度による溶解度の変化を示した曲線。
- **再 結 晶** ＝ 溶解度の違いによって物質を分離・精製する方法。参 p.11
- **飽和溶液** ＝ その温度での溶解度まで溶質が溶解した溶液。

CHART 19-1　溶解度曲線

- 温度による溶解度の変化を示した曲線を溶解度曲線(右図)という。
- 温度による溶解度の差が大きい物質ほど再結晶に適している。
  → 右図では KNO_3 のほうが再結晶に適している。

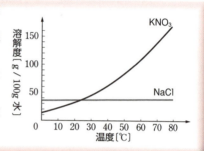

Let's Read! 19-1

例題 19-1

図は，2種類の物質 X・Y の水に対する溶解度曲線である。この溶解度曲線に関する記述として正しいものを，次の ① ～ ⑤ のうちから一つ選べ。

① 0 ℃ ～ 100 ℃ までの温度範囲において，溶解度は Y のほうが大きい。

② X，Y それぞれを 100 ℃ の水 100 g に飽和させて，0 ℃ まで冷却したとき，析出した結晶の質量は X のほうが大きい。

③ 30 ℃ で同じ量の水に溶かすことのできる X，Y の質量は同じである。

④ それぞれ少量の不純物を含む X，Y の 60 ℃ の飽和溶液をつくり，温度を 20 ℃ まで冷却することで純粋な X または Y を得るとき，X のほうが多く得られる。

⑤ 100 ℃ で，同質量の飽和溶液中の水の質量は，Y のほうが大きい。

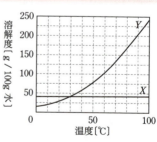

解き方を学ぼう！

溶解度曲線のグラフの読み取り方をしっかりマスターしよう。

① 0℃～30℃までは X のほうが溶解度は大きい。

③ 30℃では，いずれも水 100g に溶質が 30g 溶ける。

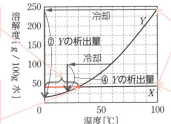

⑤ Y のほうが溶解度が大きいので，飽和溶液中の水の割合は Y のほうが小さい。

②，④ X は温度による溶解度の変化は小さく，ほとんど析出しない。

解答 ③

CHART 19-2 水和物（すいわぶつ）の溶解度

水和水（結晶中でイオンや分子と一定の割合で結合している水）をもつ結晶の溶質の質量は**無水物**（水和水をもたない化合物）で考える。

硫酸銅（Ⅱ）五水和物　$CuSO_4 \cdot 5H_2O$
　　　　　　　　　　　溶質　水和水
（式量）
$160 + 18 \times 5 = 250$

結晶の中に，溶質と水が含まれるんだね！

Let's Read！ 19-2

例題 19-2

ある温度で硫酸銅（Ⅱ）五水和物 $CuSO_4 \cdot 5H_2O$ 50g を水 200g に溶かして飽和溶液にすると，この飽和溶液 125g 中に溶媒である水は何 g 存在するか。次の ①～⑤ のうちから一つ選べ。$CuSO_4 = 160$，$H_2O = 18$

① 18　② 32　③ 90　④ 109　⑤ 218

解き方を学ぼう！

CHART 19-2 より，$CuSO_4 \cdot 5H_2O$ の結晶 1 mol（250g）中には溶質が 160g，水和水が 90g 含まれる。水 200g に結晶 50g を溶かすので，溶液は 250g である。125g はその半分である。

結晶 50g 中の水和水は $50g \times \dfrac{90g}{160g + 90g} = 18g$ である。

よって，溶媒の水は 18g 増えるので，$\dfrac{200g + 18g}{2} = 109g$

解答 ④

19 日目　固体の溶解度・再結晶

Let's Try ！ CHARTを使って実際に解いてみよう！

問題 ⑲ - １

[センター試験 改] 3分

図は，水に対する硝酸カリウムと硝酸ナトリウムの溶解度曲線であり，縦軸(溶解度)は水100gに溶ける無水物の最大質量[g]を示している。硝酸ナトリウム90gと硝酸カリウム50gの混合物を，60℃で100gの水に溶かした。この溶液に関する記述として**誤りを含むもの**を，次の①〜⑤のうちから一つ選べ。ただし，溶解度は他の塩が共存していても変わらないものとする。

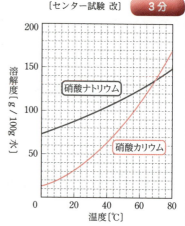

① 硝酸カリウムが析出し始めるのは，およそ32℃まで冷却したときである。
② 20℃まで冷却すると，硝酸ナトリウムと硝酸カリウムの混合物が析出する。
③ 10℃まで冷却したとき，溶液中に含まれる溶質は硝酸カリウムのほうが多い。
④ 20℃の飽和溶液を0℃に冷却したときに析出する量は，硝酸カリウムのほうが硝酸ナトリウムより多い。
⑤ 60℃から0℃の間で，硝酸ナトリウムのみを析出させることはできない。

Let's Try！の解説

問題 ⑲ - 1

温度による溶解度の差が大きい物質ほど再結晶に適していることをおさえよう。

→ ⑲-1

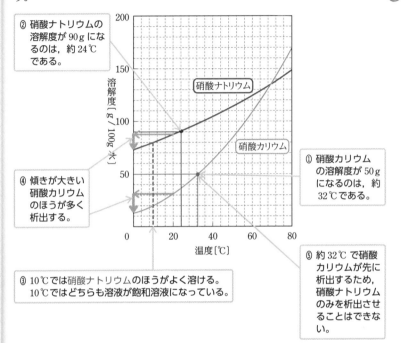

② 硝酸ナトリウムの溶解度が 90 g になるのは，約 24 ℃ である。

④ 傾きが大きい硝酸カリウムのほうが多く析出する。

③ 10 ℃では硝酸ナトリウムのほうがよく溶ける。10 ℃ではどちらも溶液が飽和溶液になっている。

① 硝酸カリウムの溶解度が 50 g になるのは，約 32 ℃である。

⑤ 約 32 ℃で硝酸カリウムが先に析出するため，硝酸ナトリウムのみを析出させることはできない。

⑲-1　解答 ③

第3章 物質量と化学反応式

1回目 ／　　2回目 ／

20日目 質量パーセント濃度とモル濃度

ここでは、溶液の濃度の2種類の表現方法をマスターしよう。

keywords
溶媒 = 他の物質を溶かす液体（水溶液の場合は水）。
溶質 = 溶媒に溶けている物質。
溶液 = 溶質 ＋ 溶媒

CHART 20-1　質量パーセント濃度

溶液の質量に対する溶質の質量を**質量パーセント濃度**という。

$$質量パーセント濃度〔\%〕 = \frac{溶質の質量〔g〕（着目する物質の量）}{溶液の質量〔g〕（全体の量）} \times 100\%$$

Let's Read! 20-1

例題 20-1　　　　　　　　　　　　　　　　　　　　　　　〔センター試験〕

質量パーセント濃度 8.0 % の水酸化ナトリウム水溶液の密度は $1.1\,\mathrm{g/cm^3}$ である。この溶液 $100\,\mathrm{cm^3}$ に含まれる水酸化ナトリウムの物質量は何 mol か。最も適当な数値を、次の ①〜⑥ のうちから一つ選べ。H = 1.0, O = 16, Na = 23
① 0.18　② 0.20　③ 0.22　④ 0.32　⑤ 0.35　⑥ 0.38

解き方を学ぼう！

ここでは、溶質：水酸化ナトリウム、溶液：水酸化ナトリウム水溶液である。
求めたい物質量を $n\,[\mathrm{mol}]$ として、**CHART 20-1** にならって質量パーセント濃度の式を書き、求めるのに必要な値を考えよう。

$$\underbrace{8.0\,\%}_{質量パーセント濃度} = \frac{①水酸化ナトリウムの質量〔g〕}{②水酸化ナトリウム水溶液の質量〔g〕} \times 100\,\% \quad \cdots(1)$$

96　第3章　物質量と化学反応式

わかっている値を表に整理して考えるとよい。
水酸化ナトリウム NaOH のモル質量は 40 g/mol，**体積×密度＝質量**より，

① $= 100\,\mathrm{cm^3} \times 1.1\,\mathrm{g/cm^3}$
  $= 110\,\mathrm{g}$
② $= n\,[\mathrm{mol}] \times 40\,\mathrm{g/mol}$
  $= 40n\,[\mathrm{g}]$

これらを(1)の式に代入して，

$$8.0\% = \frac{40n\,[\mathrm{g}]}{110\,\mathrm{g}} \times 100\%$$

$n = 0.22\,\mathrm{mol}$

解答 ③

CHART 20-2 モル濃度

溶液 1L 当たりに溶けている溶質の量を物質量で表した濃度を**モル濃度**という。

$$\text{モル濃度}\,[\mathrm{mol/L}] = \frac{\text{溶質の物質量}\,[\mathrm{mol}]}{\text{溶液の体積}\,[\mathrm{L}]}$$

着目する物質の量／全体の量

モル濃度 $n\,[\mathrm{mol/L}]$ の水溶液のつくり方

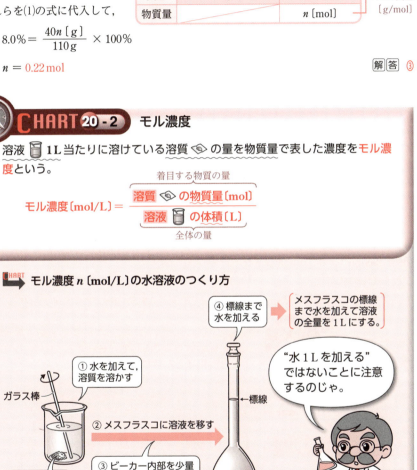

"水1Lを加える"ではないことに注意するのじゃ。

20日目　質量パーセント濃度とモル濃度

Let's Read! 20-2

例題 20-2 〔センター試験〕

9.2gのグリセリン $C_3H_8O_3$ を100gの水に溶解させた水溶液は、25℃で密度が1.0g/cm³であった。この溶液中のグリセリンのモル濃度は何mol/Lか。最も適当な数値を，次の ① ～ ⑥ のうちから一つ選べ。H = 1.0, C = 12, O = 16

① 0.00092　② 0.0010　③ 0.0011　④ 0.92　⑤ 1.0　⑥ 1.1

解き方を学ぼう！

ここでは，溶質：グリセリン $C_3H_8O_3$（モル質量：92g/mol），溶液：グリセリン水溶液である。

CHART 20-2 より，

$$\text{グリセリンのモル濃度[mol/L]} = \frac{\text{①グリセリンの物質量[mol]}}{\text{②グリセリン水溶液の体積[L]}} \quad \cdots(1)$$

である。わかっている値を表に整理して考えるとよい。

$① = \dfrac{9.2\,\text{g}}{92\,\text{g/mol}}$

　　$= 0.10\,\text{mol}$

$② = \dfrac{109.2\,\text{g}}{1.0\,\text{g/cm}^3}$

　　$= 109.2\,\text{cm}^3$

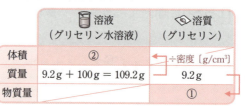

1L = 1000cm³ より，0.1092Lとなる。

これらを(1)の式に代入して，

$$\text{グリセリンのモル濃度[mol/L]} = \frac{0.10\,\text{mol}}{0.1092\,\text{L}} = 0.915\cdots\text{mol/L} \fallingdotseq 0.92\,\text{mol/L}$$

解答 ④

体積は "L" に直してから計算するんだね！

Let's Try! CHARTを使って実際に解いてみよう！

問題 20-1 〔センター試験〕 4分

14mol/Lのアンモニア水の質量パーセント濃度は何％か。最も適当な数値を，次の ① ～ ⑥ のうちから一つ選べ。ただし，このアンモニア水の密度は0.90g/cm³とする。H = 1.0, N = 14

① 2.1　② 2.4　③ 2.6　④ 21　⑤ 24　⑥ 26

問題 ⑳-❷

[センター試験] 4分

質量パーセント濃度49％の硫酸水溶液のモル濃度は何 mol/L か。最も適当な数値を，次の ① ～ ⑥ のうちから一つ選べ。ただし，この硫酸水溶液の密度は 1.4 g/cm³ とする。H = 1.0，O = 16，S = 32

① 3.6　② 5.0　③ 7.0　④ 8.6　⑤ 10　⑥ 14

第3章

Let's Try！の解説

問題 ⑳-❶

ここでは，溶質：アンモニア NH_3（モル質量：17 g/mol），溶液：アンモニア水である。

溶液 1 L 当たりについて考えよう。1 L = 1000 cm³ より，

溶液 の質量〔g〕= 溶液 の体積〔L〕× 1000 cm³/L × 密度〔g/cm³〕

$$= 1 L × 1000 cm³/L × 0.90 g/cm³ = 900 g \qquad \cdots ①$$

溶質 の物質量〔mol〕= 溶液 の体積〔L〕× モル濃度〔mol/L〕

$$= 1 L × 14 mol/L = 14 mol$$

溶質 の質量〔g〕= 溶質 の物質量〔mol〕× モル質量〔g/mol〕

$$= 14 mol × 17 g/mol = 238 g \qquad \cdots ②$$

①，②より，

質量パーセント濃度〔％〕= $\dfrac{溶質 \text{の質量〔g〕}}{溶液 \text{の質量〔g〕}} × 100$ ％　　➡ ⑳-1

$$= \frac{238 g}{900 g} × 100 ％ = 26.4\cdots ％ ≒ 26 ％$$

20 日目　質量パーセント濃度とモル濃度　　99

問題 ⑳-❷

ここでは，溶質：硫酸 H_2SO_4（モル質量：98 g/mol），溶液：硫酸水溶液である。
溶液1L当たりについて考えよう。$1L = 1000\,cm^3$ より，

溶液 の質量〔g〕＝ 溶液 の体積〔L〕× $1000\,cm^3/L$ × 密度〔g/cm^3〕
　　　　　　　　＝ $1L \times 1000\,cm^3/L \times 1.4\,g/cm^3 = 1400\,g$ …①

硫酸の物質量を x〔mol〕とすると，

溶質 の質量〔g〕＝ 溶質 の物質量〔mol〕× モル質量〔g/mol〕
　　　　　　　　＝ x〔mol〕× $98\,g/mol = 98x$〔g〕 …②

質量パーセント濃度〔%〕＝ $\dfrac{溶質\ の質量〔g〕}{溶液\ の質量〔g〕} \times 100\,\%$ に①，②を代入して，

$$49\% = \dfrac{98x\,〔g〕}{1400\,g} \times 100\% \qquad x = 7.0\,mol$$

これは，溶液1L当たりの物質量なので，モル濃度は $7.0\,mol/L$ となる。

まず，溶質と溶液が何かを確認し，どの公式を使えばよいか考えよう！

第3章 物質量と化学反応式

21日目 化学反応式の係数と意味

ここでは化学反応式のつくり方と係数のもつ意味をしっかりと学ぼう。

化学反応式	=	化学反応を化学式で表した式。
反応物	=	反応する物質(化学反応式の左辺の物質)。
生成物	=	反応してできた物質(化学反応式の右辺の物質)。

CHART 21-1 化学反応式のつくり方

① 左辺(反応物)を書く。
 　　CO ＋ O$_2$

② 右辺(生成物)を書く。
 　　$\boxed{CO}$ ＋ $\boxed{O_2}$ 　　CO$_2$

③ 矢印(→)で結ぶ。
 　　$\boxed{CO}$ ＋ $\boxed{O_2}$ ⟶ $\boxed{CO_2}$

④ 左辺と右辺で原子の数が等しくなるように,最も簡単な整数で化学式の前に係数をつける。ただし1は省略。

(1) CO の係数を1と仮定する。

(2) 右辺には C が1個なので,CO$_2$ の係数は1と決まる。

$$1\,\boxed{CO} + \frac{1}{2}\,\boxed{O_2} \longrightarrow 1\,\boxed{CO_2}$$

(3) 右辺には O が2個なので,左辺も O が2個となればよい。

(4) 係数を最も簡単な整数にするために,両辺に2をかける。

$$2CO + O_2 \longrightarrow 2CO_2$$

化学反応式の中に単体が存在すれば,単体を構成する元素(原子)の個数は最後に合わせよう!

▶ **イオン反応式**(反応に関係したイオンだけで表した反応式)の場合も同様に考え,さらに電荷の総和が左右両辺で等しくなるようにする。

21日目 化学反応式の係数と意味　101

$$Fe^{3+} + 3OH^- \longrightarrow Fe(OH)_3$$
$$(+3) + 3 \times (-1) = 0$$
　　左辺の電荷　　　右辺の電荷

電子 e^- の場合も陰イオンと同じように考えればいいんだね！

Let's Read ! 21-1

例題 21 - 1　　　　　　　　　　　　　　　　　　　　　　　［センター試験］

次の反応式中の係数（$a \sim d$）の組合せとして正しいものを，下の ①〜⑧ のうちから一つ選べ。

$$a\,NO_2 + b\,H^+ + c\,e^- \longrightarrow N_2 + d\,H_2O$$

	a	b	c	d
①	1	4	4	2
②	1	4	8	2
③	1	8	4	4
④	1	8	8	4
⑤	2	4	4	2
⑥	2	4	8	2
⑦	2	8	4	4
⑧	2	8	8	4

解き方を学ぼう！

CHART 21-1 の手順④と同じように書いていこう。

O について，$a\,NO_2 + b\,H^+ + c\,e^- \longrightarrow N_2 + d\,H_2O$
　　　　　　　　O が $2a$ 個

$d = 2a$ である。

H について，$a\,NO_2 + b\,H^+ + c\,e^- \longrightarrow N_2 + 2a\,H_2O$
　　　　　　　　　　　　　　　　　　　H が $2a \times 2 = 4a$ 個

$b = 4a$ である。

N について，$a\,NO_2 + b\,H^+ + c\,e^- \longrightarrow N_2 + d\,H_2O$
　　　　　　　　　　　　　　　　　　　N が 2 個

$a = 2$ と決まる。また，$b = 4 \times 2 = 8$，$d = 2 \times 2 = 4$ と決まる。

電荷について，$2\,NO_2 + 8\,H^+ + c\,e^- \longrightarrow N_2 + 4\,H_2O$
$+8 + (-c) = 0$　　　$c = 8$ と決まる。
左辺の電荷　右辺の電荷

よって，$2\,NO_2 + 8\,H^+ + 8\,e^- \longrightarrow N_2 + 4\,H_2O$

解答 ⑧

CHART 21-2 化学反応式の係数がもつ意味

- **係数の比** ＝ 反応物や生成物の 粒子の個数 の比
  ＝ 各物質の 物質量 の比
  ＝ (同温・同圧の気体の場合) 体積 の比

化学反応式の係数の比は，質量の比ではないんだね！

- **化学反応式が表す量的関係**

化学反応式	(1)N_2	+	$3H_2$	→	$2NH_3$
分子の数の関係	$1 \times 6.0 \times 10^{23}$ 個		$3 \times 6.0 \times 10^{23}$ 個		$2 \times 6.0 \times 10^{23}$ 個
物質量の関係	1 mol		3 mol		2 mol
気体の体積の関係 (標準状態)	1×22.4 L		3×22.4 L		2×22.4 L
質量の関係 〈質量保存の法則〉	1 mol × 28 g/mol 28 g	+	3 mol × 2.0 g/mol 6.0 g	=	2 mol × 17 g/mol 34 g

Let's Read! 21-2

例題 21-2

赤熱した炭素(コークス)に水蒸気 0.50 mol を通じると，水蒸気がなくなって，一酸化炭素と水素が同じ物質量ずつ生じた。この反応で消費された炭素は何 g か。次の ① ～ ⑤ のうちから一つ選べ。C = 12

① 0.50　② 3.0　③ 6.0　④ 9.0　⑤ 12.0

解き方を学ぼう!

まずは，CHART 21-1 のように化学反応式をつくろう。

① ～ ③ 反応物と生成物を書き，矢印で結ぶと，　C + H_2O ⟶ CO + H_2
④ 原子の個数を合わせて係数を入れると，　1C + 1H_2O ⟶ 1CO + 1H_2

ここで，水蒸気 H_2O の反応量について考えると，

```
           ─ H₂O ─
反応前    0.50 mol
反応量   − 0.50 mol
反応後    0 mol
```
H_2O は反応によって **0.50 mol** 減少したことがわかる。

CHART 21-2 より，**係数の比** ＝ 各物質の 物質量 の比なので，

化学反応式	1C	+	1H_2O	⟶	1CO	+	1H_2
物質量の比	1		1		1		1
物質量の関係	0.50 mol		**0.50 mol**		0.50 mol		0.50 mol

炭素(コークス)C のモル質量は 12 g/mol なので，反応で消費された C の質量は，

0.50 mol × 12 g/mol = **6.0 g**

解答 ③

21 日目　化学反応式の係数と意味

Let's Try! CHARTを使って実際に解いてみよう！

問題 ㉑-❶ 〔センター試験 改〕 3分

一酸化炭素とエタン C_2H_6 の混合気体を，触媒の存在下で十分な量の酸素を用いて完全燃焼させたところ，二酸化炭素 0.045 mol と水 0.030 mol が生成した。反応前の混合気体中の一酸化炭素とエタンの物質量〔mol〕の組合せとして正しいものを，次の ①～⑥ のうちから一つ選べ。

	一酸化炭素の物質量〔mol〕	エタンの物質量〔mol〕
①	0.030	0.015
②	0.030	0.010
③	0.025	0.015
④	0.025	0.010
⑤	0.015	0.015
⑥	0.015	0.010

問題 ㉑-❷ 〔センター試験〕 3分

マグネシウムは次の化学反応式に従って酸素と反応し，酸化マグネシウム MgO を生成する。　　$2Mg + O_2 \longrightarrow 2MgO$

マグネシウム 2.4 g と体積 V〔L〕の酸素を反応させたとき，マグネシウムはすべて反応し，質量 m〔g〕の酸化マグネシウムを生じた。V と m の関係を示すグラフとして最も適当なものを，次の ①～⑥ のうちから一つ選べ。ただし，酸素の体積は標準状態における体積とする。O = 16，Mg = 24

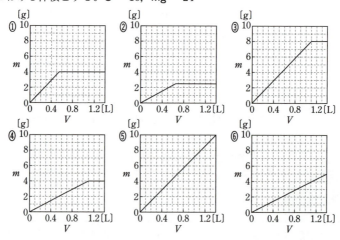

Let's Try! の解説

問題 21 - 1

混合物を反応させる問題では，混合物中の物質の物質量を文字でおいて，化学反応式をつくろう。

反応前の混合気体中の物質量を CO が x [mol]，C_2H_6 が y [mol] とすると，

一酸化炭素について，　　$2CO + O_2 \longrightarrow 2CO_2$
　　　　　　　　　　　　　　x [mol]　　　　　　　x [mol]

エタンについて，　　$2C_2H_6 + 7O_2 \longrightarrow 4CO_2 + 6H_2O$
　　　　　　　　　　　y [mol]　　　　　　　　$2y$ [mol]　$3y$ [mol]

CO_2 が 0.045 mol 生成するので，　x [mol] $+ 2y$ [mol] $= 0.045$ mol　　…(1)

H_2O が 0.030 mol 生成するので，　$3y$ [mol] $= 0.030$ mol　　…(2)

(1), (2)より，　$x = 0.025$ mol，$y = 0.010$ mol

問題 21 - 2

まず，マグネシウム Mg の反応量について考える。

Mg は反応により **2.4 g** 減少したことがわかる。
反応した Mg の物質量は $\dfrac{2.4\,\mathrm{g}}{24\,\mathrm{g/mol}} = \mathbf{0.10\,mol}$
である。

係数の比＝各物質の**物質量**の比なので，Mg と O_2 の反応は次のようになる。

化学反応式	2Mg	+	(1)O_2	→	2MgO
物質量の比	2	:	1	:	2
物質量の関係	**0.10 mol**		0.050 mol		0.10 mol

反応する O_2 の体積は，$V = 22.4$ L/mol $\times 0.050$ mol $= 1.12$ L
生成した MgO の質量は，$m = 40$ g/mol $\times 0.10$ mol $= 4.0$ g
このとき Mg がすべて反応するので，$V = 1.12$ L と $m = 4.0$ g の交点(①)より前では，反応する O_2 の質量に比例し，①を越えると，それ以上反応しない($m = 4.0$ g のまま一定)グラフ ④ を選べばよい。

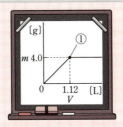

グラフの問題では，その折れ曲がりの点に注目するんじゃ！

21-1 解答 ④ 　 21-2 解答 ④ 　 21 日目　化学反応式の係数と意味

第3章　物質量と化学反応式

| 1回目 | ／ | 2回目 | ／ |

22 日目 化学の基礎法則

ここでは，歴史的背景をふまえて，化学の基礎法則を学習しよう。

CHART 22-1　化学の基礎法則

質量保存の法則 (ラボアジエ， 1774年)	化学反応の前後で，物質全体の質量の総和は変わらない。 例 水素 2.0 g と酸素 16.0 g が反応して水 18.0 g を生じる。
定比例の法則 (プルースト， 1799年)	一つの化合物中で，物質の成分元素の質量の比は常に一定である。 例 水 H_2O 中の H と O の質量比は常に H：O ＝ 1：8 である。
ドルトンの原子説 (ドルトン， 1803年)	① すべての物質は，それ以上分割することができない最小の粒子(原子)からできている。 ② 単体の原子は，その元素に固有の質量と大きさをもち，化合物は異なる種類の原子が定まった数だけ結合してできた複合原子からできている。 ③ 原子は消滅したり，無から生成することはない。
倍数比例の法則 (ドルトン， 1803年)	A，B の 2 元素からなる化合物が 2 種類以上存在するとき，A の一定量と結合する B の質量の比は，化合物どうしで簡単な整数比になる。 例 H と O からなる H_2O と H_2O_2 では，質量の比は， 　H_2O　H：O ＝ 1：8　　H_2O_2　H：O ＝ 1：16 ➡ 水素の一定量に対する酸素の質量比　8：16 ＝ 1：2
気体反応の法則 (ゲーリュサック， 1808年)	反応に関係する同温・同圧の気体の体積の比は，簡単な整数比になる。 例 $N_2 + 3H_2 \longrightarrow 2NH_3$ 体積比は，$N_2 : H_2 : NH_3 = 1 : 3 : 2$
アボガドロの法則 (アボガドロ， 1811年)	すべての気体は，同温・同圧のとき，同体積中には同数の分子が含まれる。
アボガドロの分子説 (アボガドロ， 1811年)	① 気体は，いくつかの原子が結合した「分子」という粒子からできている。 ② 同じ温度と同じ圧力では，同じ体積の中に同数の分子が含まれる。 ③ 分子が反応するときは原子に分かれることができる。

106　第3章　物質量と化学反応式

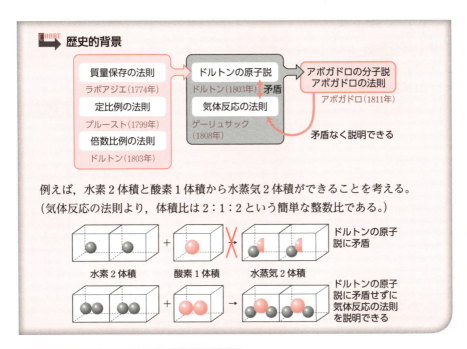

Let's Read! 22-1

例題 22-1 〔センター試験〕

次の a〜d の法則について、それぞれの記述の正誤の組合せが正しいものを、下の ①〜⑥ のうちから一つ選べ。

a 倍数比例の法則　2種類の元素からなる化合物がいくつかあるとき、一方の元素の一定質量と結合している他方の元素の質量は、化合物の間で簡単な整数比になる。
b 気体反応の法則　化学反応の前後で、反応に関係した物質の総質量は変わらない。
c 定比例の法則　同温・同圧のもとで、反応する気体や生成する気体の体積の間には、簡単な整数比が成りたつ。
d 質量保存の法則　ある化合物中の元素の質量の比は、その化合物のつくり方に関係なく、常に一定である。

	a	b	c	d		a	b	c	d
①	正	正	誤	誤	②	正	誤	誤	正
③	正	誤	誤	誤	④	誤	正	正	誤
⑤	誤	誤	正	正	⑥	誤	正	正	正

22 日目　化学の基礎法則

解き方を学ぼう！

CHART 22-1 をもとに，それぞれの文章をしっかりと読んでみよう。

a　倍数比例の法則の説明である。　　b　質量保存の法則の説明である。
c　気体反応の法則の説明である。　　d　定比例の法則である。

解答 ③

Let's Try !　CHARTを使って実際に解いてみよう！

問題 22-1　　3分

次の(ア)，(イ)の各文について，最も関係ある法則名，および（　）に当てはまる数値を正しく表したものを，下の ① 〜 ⑧ のうちから一つ選べ。H = 1.0, N = 14, O = 16

(ア)　2体積のアンモニアを完全に分解すると，1体積の窒素と(**a**)体積の水素が生じる。

(イ)　一酸化窒素と二酸化窒素において，窒素14gと結合している酸素の質量比は1:(**b**)である。

法則名　：　1 質量保存の法則　　2 定比例の法則
　　　　　　3 倍数比例の法則　　4 気体反応の法則

	ア	イ	a	b
①	1	3	2	16
②	1	4	2	2
③	2	1	2	16
④	2	3	3	2
⑤	3	1	3	16
⑥	3	2	2	2
⑦	4	3	3	16
⑧	4	3	3	2

問題 22-2

3分

化学の基礎法則に関する記述として**誤りを含むもの**を，次の ① ～ ④ のうちから一つ選べ。C = 12, O = 16

① 一酸化炭素は酸素と反応すると二酸化炭素となる。この反応における一酸化炭素，酸素，二酸化炭素の体積の比は 2：1：2 であることを示すのは，気体反応の法則である。

② 炭素と酸素の化合物において，一定質量の炭素と結合している酸素の質量を調べてみると，一酸化炭素と二酸化炭素では酸素の質量の比は 1：2 であることを示すのは，倍数比例の法則である。

③ さまざまな方法でつくられる二酸化炭素の炭素と酸素の質量比を調べると，つくり方によらず，どの二酸化炭素でも炭素と酸素の質量の比は 3：8 であることを示すのは，質量保存の法則である。

④ 標準状態（0℃，1.013×10^5 Pa）において，どのような気体でも，22.4 L 中には 6.0×10^{23} 個の分子を含むことを示すのは，アボガドロの法則である。

Let's Try！の解説

問題 22-1

(ア) 気体反応の法則についての説明で，化学反応式は $2NH_3 \longrightarrow N_2 + 3H_2$ となり，$\underset{(a)}{3}$ 体積の水素が生じる。

(イ) NO と NO_2 において，窒素 14 g と結合している酸素の質量は 1：(**b**) である。酸素はそれぞれ 16 g と 32 g となり，1：2 である。これは倍数比例の法則である。

問題 22-2

①，②，④ で確認しよう。

③ 定比例の法則である。CO_2 1 mol 当たりについて考えると，成分元素 C は 1 mol, O は 2 mol 存在する。よって，質量比は
(12 g/mol × 1 mol)：(16 g/mol × 2 mol) = 12 g：32 g = 3：8
となる。物質量の比と質量の比を混同しないよう注意しよう。

たくさんの法則があるけれど，**CHART 22-1** の赤字を中心にしっかりおさえよう！

第3章 演習問題

1

[センター試験] 2分

下線部の数値が最も大きいものを，次の ① ～ ⑤ のうちから一つ選べ。C = 12

① 標準状態のアンモニア 22.4 L に含まれる<u>水素原子の数</u>
② エタノール C_2H_5OH 1 mol に含まれる<u>酸素原子の数</u>
③ ヘリウム 1 mol に含まれる<u>電子の数</u>
④ 1 mol/L の塩化カルシウム水溶液 1 L 中に含まれる<u>塩化物イオンの数</u>
⑤ 黒鉛(グラファイト)12 g に含まれる<u>炭素原子の数</u>

例題 ④-❶，⑰-❶，⑰-❷，⑱-❶

2

[センター試験] 2分

体積百分率で水素 75 %，窒素 25 % の混合気体をつくった。この混合気体の平均分子量として最も適当な数値を，次の ① ～ ⑥ のうちから一つ選べ。H = 1.0，N = 14

① 4.3　② 6.5　③ 8.5　④ 17　⑤ 29　⑥ 34

例題 ⑯-❶，㉑-❷

3

[センター試験 改] 5分

質量パーセント濃度 3.4 % の過酸化水素水 10 g に少量の酸化マンガン(Ⅳ)を加えて，酸素を発生させた。この反応の化学反応式を次に示す。

$$2H_2O_2 \longrightarrow 2H_2O + O_2$$

過酸化水素水が完全に反応すると，発生する酸素の体積は標準状態で何 L か。最も適当な数値を，次の ① ～ ⑥ のうちから一つ選べ。H = 1.0，O = 16

① 0.056　② 0.11　③ 0.22　④ 0.56　⑤ 1.1　⑥ 2.2

例題 ⑰-❷，⑱-❶，⑳-❶，㉑-❷

110　第3章 物質量と化学反応式

解説

1

物質量〔mol〕= $\dfrac{粒子の数}{6.0 \times 10^{23}/\text{mol}}$ より，粒子の数を比べるには，物質量の大きさを比べるとよい。

① 標準状態のアンモニア NH_3 22.4 L は，$\dfrac{22.4\,\text{L}}{22.4\,\text{L/mol}} = 1\,\text{mol}$ である。NH_3 1 分子中に水素原子 H は 3 個含まれるので，NH_3 1 mol 中には H が 3 mol 含まれる。

② エタノール C_2H_5OH 1 分子中に酸素原子 O は 1 個含まれるので，C_2H_5OH 1 mol 中には O が 1 mol 含まれる。

③ 原子番号 2 のヘリウム He の原子 1 個には電子が 2 個含まれる。He 1 mol 中には電子が 2 mol 含まれる。

④ 1 mol/L 塩化カルシウム $CaCl_2$ 水溶液 1 L 中には $CaCl_2$ が 1 mol 溶けている。$CaCl_2$ 1 mol 中には塩化物イオン Cl^- が 2 mol 含まれる。

⑤ 黒鉛（グラファイト）C 12 g は，$\dfrac{12\,\text{g}}{12\,\text{g/mol}} = 1\,\text{mol}$ より，C が 1 mol 含まれる。

2

体積百分率 ➡ 混合気体全体に占める成分気体の体積の百分率（割合）を表している。**(同温・同圧の気体の場合)** 体積の比＝物質量の比 より，
水素 H_2（分子量 2.0）と窒素 N_2（分子量 28）が 75 %：25 %＝3：1 の物質量の比で混合しているので，求める平均分子量（モル質量）は，

$$\underbrace{2.0\,\text{g/mol} \times \dfrac{3}{3+1}}_{H_2} + \underbrace{28\,\text{g/mol} \times \dfrac{1}{3+1}}_{N_2} = 8.5\,\text{g/mol}$$

3

溶質：過酸化水素 H_2O_2（モル質量：34 g/mol），溶液：過酸化水素水である。H_2O_2 の質量を m〔g〕とすると，

質量パーセント濃度〔％〕＝ $\dfrac{溶質の質量\text{〔g〕}}{溶液の質量\text{〔g〕}} \times 100\,\%$ より，

$3.4\,\% = \dfrac{m\,\text{〔g〕}}{10\,\text{g}} \times 100\,\%$　　$m = 0.34\,\text{g}$

H_2O_2 の物質量は，$\dfrac{0.34\,\text{g}}{34\,\text{g/mol}} = 0.010\,\text{mol}$ となる。

$2H_2O_2 \longrightarrow 2H_2O + O_2$ より，$H_2O_2 : O_2 = 2 : 1$（物質量の比）で反応するので，H_2O_2 0.010 mol が反応すれば，O_2 は 0.0050 mol 生成する。
発生する酸素の体積は，$22.4\,\text{L/mol} \times 0.0050\,\text{mol} = 0.112\,\text{L} ≒ 0.11\,\text{L}$

第3章

4

[センター試験] 4分

塩化ナトリウムの濃度がそれぞれ a [mol/L] と b [mol/L] である水溶液 A と B がある。水溶液 A と B を混ぜて，塩化ナトリウムの濃度が c [mol/L] の水溶液を V [L] つくるのに必要な水溶液 A の体積は何 L か。この体積[L]を表す式として正しいものを，次の ① ～ ⑥ のうちから一つ選べ。ただし，混合後の水溶液の体積は，混合前の二つの水溶液の体積の和に等しいとする。また，$a < c < b$ とする。

① $\dfrac{V(b-a)}{(a+b)}$　　② $\dfrac{V(b-c)}{(a+b)}$　　③ $\dfrac{V(b-c)}{(b-a)}$

④ $\dfrac{V(b-a)}{(b+c)}$　　⑤ $\dfrac{V(b-a)}{(b-c)}$　　⑥ $\dfrac{V(a+b)}{(b-c)}$

例題 20 - 2

5

[センター試験] 5分

標準状態で 10 mL のメタンと 40 mL の酸素を混合し，メタンを完全燃焼させた。燃焼前後の気体の体積を標準状態で比較するとき，その変化に関する記述として最も適当なものを，次の ① ～ ⑤ のうちから一つ選べ。ただし，生成した水は，すべて液体であるとする。

① 20 mL 減少する。　② 10 mL 減少する。　③ 変化しない。
④ 10 mL 増加する。　⑤ 20 mL 増加する。

例題 21 - 1 , 21 - 2

解説

4

a [mol/L]の水溶液がx [L]必要であるとすると,各水溶液の体積,各水溶液中に含まれる溶質のモル濃度・物質量は次のようになる。

水溶液	水溶液 A	水溶液 B	混合後の水溶液
体積[L]	x [L] +	$V - x$ [L] =	V [L]
モル濃度[mol/L]	a [mol/L] ×	b [mol/L] ×	c [mol/L] ×
溶質の物質量[mol]	ax [mol] +	$b(V-x)$ [mol] =	cV [mol]

溶液を混合しても,溶質の物質量の総和は変化しないので,次の式が成りたつ。

ax [mol] $+ b(V-x)$ [mol] $= cV$ [mol]
ax [mol] $+ bV$ [mol] $- bx$ [mol] $= cV$ [mol]
$V(b-c)$ [mol] $= x(b-a)$ [mol] $x = \dfrac{V(b-c)}{(b-a)}$ [L]

5

化学反応式をつくり,**係数の比＝(同温・同圧の気体の場合)体積の比**より,気体の体積の量的関係をまとめると,次のようになる。

	CH₄	+	2O₂	→	CO₂	+	2H₂O
係数の比	1	:	2	:	1	:	2
反応前	10 mL	×2/1	40 mL		0 mL		0 mL
反応量	-10 mL		-20 mL		$+10$ mL		
反応後	0 mL		20 mL	×1/1	10 mL		

液体なので,気体の体積には関係しない。

(反応前の気体の総体積)－(反応後の気体の総体積)
＝(10 mL ＋ 40 mL)－(20 mL ＋ 10 mL)＝20 mL より,**20 mL 減少する。**

体積でも質量でも反応の前後の量的関係を表にまとめるといいんだね！

CHART 21-2 の表をうまく使ってみよう！

4 解答 ③　　5 解答 ①　　演習問題

第4章 酸と塩基の反応

23日目 酸と塩基

ここでは，酸・塩基とよばれる物質について理解しよう。

Keywords

酸性 ＝ 水溶液が酸味を示し，青色リトマス紙を赤変させたり，塩基と反応して塩基の性質を打ち消したりする性質。

酸 ＝ 酸性を示す物質。身のまわりには，食酢やクエン酸などがある。

塩基性 ＝ 水溶液が赤色リトマス紙を青変させたり，酸と反応して酸の性質を打ち消したりする性質。

塩基 ＝ 塩基性を示す物質。身のまわりには，せっけんや重曹などがある。

オキソニウムイオン H_3O^+
＝ 水 H_2O と水素イオン H^+ の配位結合により生じる1価の陽イオン。

電離 ＝ 物質が水に溶けるなどしてイオンに分かれること。

電離度 ＝ 溶けた酸(塩基)の物質量に対する，電離している酸(塩基)の物質量の割合。

CHART 23-1 酸・塩基の定義

● **アレーニウスの定義**

酸…水溶液中で電離して水素イオン H^+（オキソニウムイオン H_3O^+）を生じる物質。例 $HCl \longrightarrow H^+ + Cl^-$

塩基…水溶液中で水酸化物イオン OH^- を生じる物質。
例 $NaOH \longrightarrow Na^+ + OH^-$

● **ブレンステッド・ローリーの定義**

酸…水素イオン H^+ を他に与える物質。
塩基…水素イオン H^+ を他から受け取る物質。

Let's Read! 23-1

例題 23-1
〔センター試験 改〕

酸・塩基に関する記述として正しいものを，次の ① ～ ⑤ のうちから一つ選べ。
① 酸には必ず酸素原子が含まれている。
② 塩基は，化学式中に必ず OH を含む。
③ 水に溶けて水酸化物イオンを生じる物質を酸という。
④ 水には溶けないが，H^+ を受け取ることができる物質は酸である。
⑤ 水は酸としても塩基としてもはたらく。

解き方を学ぼう！

CHART 23-1 をもとに，酸・塩基の定義の確認をしていこう。

① 酸は，水素イオン H^+ を他に与える物質であり，塩化水素 HCl のように O を含まない酸もある。酸素原子の有無は関係ない。
② 塩基は，水素イオン H^+ を他から受け取る物質であり，アンモニア NH_3 のように OH を含まない塩基もある。
③ 水に溶けて<u>水素イオン H^+</u> を生じる物質を酸という(アレーニウスの定義)。
④ 水に溶けなくても，水素イオン H^+ を受け取ることができる物質は<u>塩基</u>である(ブレンステッド・ローリーの定義)。

　　例 $Fe(OH)_3 + 3H^+ \longrightarrow Fe^{3+} + 3H_2O$

⑤ ブレンステッド・ローリーの定義では，<u>水は酸としても塩基としてもはたらく</u>。

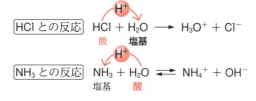

解答 ⑤

23日目 酸と塩基

CHART 23-2 酸・塩基の価数と強弱

- **酸の価数**
  酸がもつ H 原子のうち，他の物質に与えることができる H^+ の数。
- **塩基の価数**
  塩基から生じる OH^- の数（あるいは受け取ることができる H^+ の数）。

水に溶けると，イオンに分かれるよ！

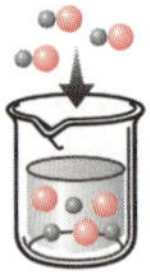

- **電離度**

  $$\text{電離度}\ \alpha = \frac{\text{電離している酸（塩基）の物質量}}{\text{溶けた酸（塩基）の物質量}}$$

  $0 < \alpha \leqq 1$

  ・電離度が 1 に近い酸や塩基を**強酸**，**強塩基**という。
  ・電離度が小さい酸や塩基を**弱酸**，**弱塩基**という。

  強　酸…HCl，H_2SO_4，HNO_3，HI，HBr
  強塩基…NaOH，KOH，$Ca(OH)_2$，$Ba(OH)_2$

これら以外は弱酸，弱塩基と考えよう！

Let's Read! 23-2

例題 23-2

酸・塩基に関する記述として**誤りを含むもの**を，次の ① ～ ⑤ のうちから一つ選べ。
① 水溶液中では，H^+ はオキソニウムイオンとなっている。
② 酢酸は水に溶けやすいので，強酸である。
③ リン酸は 3 価の酸である。
④ 水酸化カルシウムは，水に少量しか溶けないが，強塩基である。
⑤ アンモニアは水によく溶け，水溶液は弱塩基性を示す。

解き方を学ぼう！

CHART 23-2 をもとに，酸・塩基の価数と強弱の復習をしよう。

① 水溶液中では，水素イオン H^+ は水分子 H_2O と配位結合してオキソニウムイオン H_3O^+ となって存在している。　　$H^+ + H_2O \longrightarrow H_3O^+$
② 酢酸 CH_3COOH は水に溶けやすいが，そのうち電離している割合（電離度）が小さいので，**弱酸**である。**CHART 23-2** にあるように，強酸は HCl，H_2SO_4，HNO_3，HI，HBr のみと考えればよい。
③ リン酸 H_3PO_4 は 3 価の酸である。リン酸は弱酸の中でも，電離度が比較的大きく，中程度の強さの酸といわれている。
④ 水酸化カルシウム $Ca(OH)_2$ は，水に溶ける量は少ないが，水溶液中で電離する割合が大きく，飽和水溶液が強塩基性を示すので，強塩基である。なお，水に溶けにくいものは，弱塩基に分類されることが多い。

⑤ アンモニア NH₃ は分子内に OH⁻ を含まないが，水に溶けると一部が水と反応して OH⁻ が生じる。

NH₃ + H₂O ⇄ NH₄⁺ + OH⁻

その電離度は小さいので弱塩基であり，水溶液は弱塩基性を示す。
CHART 23-2 にあるように，強塩基は NaOH, KOH, Ca(OH)₂, Ba(OH)₂ のみと考えればよいので，それ以外は弱塩基である。

解答 ②

CHARTを使って実際に解いてみよう！

問題 23-1　［センター試験 改］　2分

酸・塩基に関する記述として正しいものを，次の ① ～ ④ のうちから一つ選べ。
① 塩化水素を水に溶かすと，オキソニウムイオンが生成する。
② 濃いアンモニア水の中では，アンモニアの大部分がアンモニウムイオンになっている。
③ 濃い酢酸水溶液中の酢酸の電離度は1である。
④ 酸性の水溶液は，赤色リトマス紙を青変させる。

問題 23-2　2分

a～cの反応のうち，下線部の物質が酸としてはたらいているものはどれか。正しい組合せを，次の ① ～ ⑥ から一つ選べ。

a　HSO₄⁻ + H₂O ⟶ SO₄²⁻ + H₃O⁺
b　NH₃ + H₂O ⟶ NH₄⁺ + OH⁻
c　CH₃COO⁻ + H₂O ⟶ CH₃COOH + OH⁻

① a　② b　③ c　④ aとb　⑤ aとc　⑥ bとc

23日目　酸と塩基

Let's Try! の解説

問題 23-1

① 塩化水素 HCl から電離した水素イオン H^+ と水 H_2O が配位結合し，オキソニウムイオン H_3O^+ が生成する。 ➡ 23-1
② アンモニアは弱塩基なので少ししか電離しない。 ➡ 23-2
③ 酢酸は弱酸なので少ししか電離しない。 ➡ 23-2
④ keywords で確認しよう。

一般に，濃度が小さいほど，電離度の値は大きくなるが，②のアンモニアと③の酢酸はわずかしか電離しないから，ここでは濃度について考えなくてよいぞ。

問題 23-2

下線部の物質が水素イオン H^+ を他に与えているか見てみよう。 ➡ 23-1

a $\underline{HSO_4^-} + \underline{H_2O} \longrightarrow SO_4^{2-} + H_3O^+$
  H^+ を与える ➡ 酸

b $\underline{NH_3} + \underline{H_2O} \longrightarrow NH_4^+ + OH^-$
  H^+ を受け取る ➡ 塩基

c $\underline{CH_3COO^-} + \underline{H_2O} \longrightarrow CH_3COOH + OH^-$
  H^+ を受け取る ➡ 塩基

第4章 酸と塩基の反応

| 1回目 | / | 2回目 | / |

24日目 水の電離と水溶液の pH

ここでは，酸性・塩基性を数値でどのように表すのかをマスターしよう。

Keywords

水素イオン濃度 ＝ 水素イオン H^+ のモル濃度。$[H^+]$ と表す。
水酸化物イオン濃度 ＝ 水酸化物イオン OH^- のモル濃度。$[OH^-]$ と表す。
pH ＝ 水素イオン指数。$[H^+]$ の大小を示す。
水のイオン積 ＝ 水溶液中の水素イオン濃度 $[H^+]$ と水酸化物イオン濃度 $[OH^-]$ の積。K_w と表す。

CHART 24-1 水素イオン濃度と水酸化物イオン濃度

●**水素イオン濃度の求め方**
水素イオン濃度 $[H^+]$ ＝酸の価数×モル濃度 $[mol/L]$ ×電離度

●**水酸化物イオン濃度の求め方**
水酸化物イオン濃度 $[OH^-]$ ＝塩基の価数×モル濃度 $[mol/L]$ ×電離度

●**発展 水のイオン積**
一定温度において，水のイオン積 $[H^+][OH^-]$ は一定の値を示す。$K_w = [H^+][OH^-] = 1.0 \times 10^{-14} \text{ mol}^2/\text{L}^2$ （25℃）

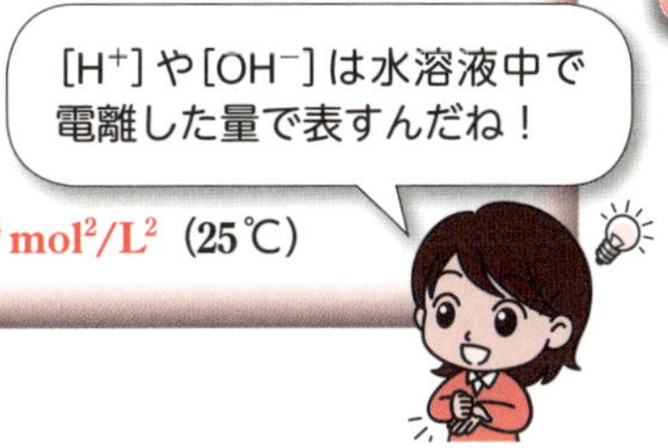

$[H^+]$ や $[OH^-]$ は水溶液中で電離した量で表すんだね！

Let's Read! 24-1

例題 24-1

酸・塩基に関する記述として正しいものを，次の ① ～ ⑤ のうちから一つ選べ。
① 1.0×10^{-3} mol/L の硫酸水溶液中の水素イオン濃度は，1.0×10^{-3} mol/L である。
② 同じ濃度の硫酸水溶液と塩酸では，塩酸中のほうが水素イオン濃度は大きい。
③ 0.10 mol/L の塩酸中と 0.10 mol/L の酢酸水溶液中の水素イオン濃度は，同じである。
④ 0.10 mol/L の塩酸中では，水素イオン濃度は 1.0×10^{-13} mol/L である。
⑤ 1.0×10^{-2} mol/L の水酸化ナトリウム水溶液中の水酸化物イオン濃度は，1.0×10^{-2} mol/L である。

解き方を学ぼう！

CHART 24-1 をもとに，水素イオン濃度，水酸化物イオン濃度について復習しよう。特に指示がない場合，強酸や強塩基の電離度 α は $\alpha \fallingdotseq 1.0$ と考えてよい。

① 硫酸 H_2SO_4 は 2 価の強酸（→ $\alpha \fallingdotseq 1.0$）なので，
$[H^+] = 2 \times 1.0 \times 10^{-3}\,\text{mol/L} \times 1.0 = 2.0 \times 10^{-3}\,\text{mol/L}$

② 硫酸 H_2SO_4 は 2 価の強酸，塩化水素 HCl は 1 価の強酸より，硫酸のほうが価数が大きく，電離度は同じである。$[H^+]=$ 酸の価数×モル濃度〔mol/L〕×電離度 より，硫酸水溶液の水素イオン濃度のほうが大きい。

③ 塩化水素 HCl は 1 価の強酸，酢酸 CH_3COOH は 1 価の弱酸より，HCl のほうが電離度が大きい。$[H^+]=$ 酸の価数×モル濃度〔mol/L〕×電離度 より，塩酸の水素イオン濃度のほうが大きい。

④ 塩化水素 HCl は 1 価の強酸（→ $\alpha \fallingdotseq 1.0$）なので，
$[H^+] = 1 \times 0.10\,\text{mol/L} \times 1.0 = 1.0 \times 10^{-1}\,\text{mol/L}$

⑤ 水酸化ナトリウム NaOH は 1 価の強塩基（→ $\alpha \fallingdotseq 1.0$）なので，
$[OH^-] = 1 \times 1.0 \times 10^{-2} \times 1.0 = 1.0 \times 10^{-2}\,\text{mol/L}$

解答 ⑤

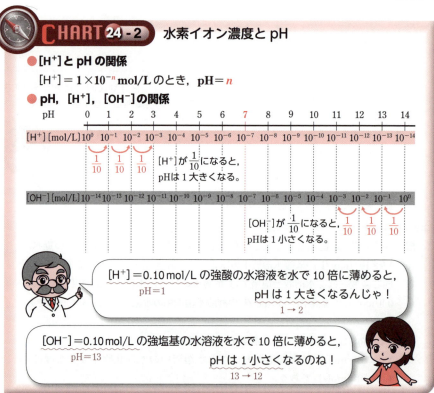

CHART 24-2　水素イオン濃度と pH

● $[H^+]$ と pH の関係

　$[H^+] = 1 \times 10^{-n}\,\text{mol/L}$ のとき，pH $= n$

● pH，$[H^+]$，$[OH^-]$ の関係

$[H^+] = 0.10\,\text{mol/L}$ の強酸の水溶液を水で 10 倍に薄めると，pH は 1 大きくなるんじゃ！
pH = 1　　1 → 2

$[OH^-] = 0.10\,\text{mol/L}$ の強塩基の水溶液を水で 10 倍に薄めると，pH は 1 小さくなるのね！
pH = 13　　13 → 12

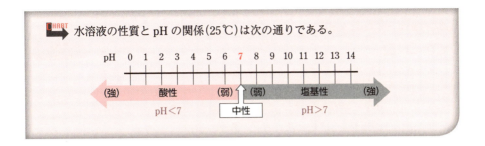

Let's Read! 24-2

例題 24-2
[センター試験]

0.036 mol/L の酢酸水溶液の pH は 3 であった。この酢酸水溶液中の酢酸の電離度として最も適当な数値を，次の ① ～ ⑤ のうちから一つ選べ。

① 1.0×10^{-6}　② 1.0×10^{-3}　③ 2.8×10^{-2}
④ 3.6×10^{-2}　⑤ 3.6×10^{-1}

解き方を学ぼう！

CHART 24-2 より，$[H^+] = 1 \times 10^{-n}$ mol/L のとき，pH = n である。
pH が 3 の酢酸水溶液の水素イオン濃度は，$[H^+] = 1 \times 10^{-3}$ mol/L　…(1)
また，CHART 24-1 より，$[H^+]$ ＝ 酸の価数 × モル濃度 [mol/L] × 電離度 である。
酢酸水溶液中の水素イオン濃度は，$[H^+] = 1 \times 0.036$ mol/L × α　…(2)
(1), (2) より，1×10^{-3} mol/L ＝ 1×0.036 mol/L × α　　$\alpha = 0.0277\cdots ≒ 2.8 \times 10^{-2}$

解答 ③

Let's Try !

CHARTを使って実際に解いてみよう！

問題 24 - 1

[センター試験 改]　**2分**

水溶液のpHに関する記述として正しいものを，次の ① ～ ⑤ のうちから一つ選べ。

① 1.0×10⁻²mol/Lの硫酸水溶液のpHは，同じ濃度の硝酸水溶液のpHより大きい。

② 0.10mol/L の酢酸水溶液の pH は，同じ濃度の塩酸の pH より小さい。

③ pH=3 の塩酸を 10⁵ 倍に薄めると，溶液の pH は 8 になる。

④ 0.10mol/L のアンモニア水の pH は，同じ濃度の水酸化ナトリウム水溶液の pH より小さい。

⑤ pH=12 の水酸化ナトリウム水溶液を 10 倍に薄めると，溶液の pH は 13 になる。

問題 24 - 2

[センター試験]　**2分**

pH=1 の塩酸 10mL に水を加えて pH=3 にした。この pH=3 の水溶液の体積は何 mL か。最も適当な数値を，次の ① ～ ⑥ のうちから一つ選べ。

① 30　② 100　③ 500　④ 1000　⑤ 5000　⑥ 10000

Let's Try! の解説

問題 24 - 1

①,② [H⁺]が大きいほど，**pH の値は小さくなる**。

①について，硫酸 H_2SO_4 は 2 価の強酸，硝酸 HNO_3 は 1 価の強酸であり，電離度がともに 1.0 とみなせるので，価数の大きい H_2SO_4 のほうが[H⁺]が大きいので，pH は小さい。

②について，酢酸 CH_3COOH は 1 価の弱酸，塩化水素 HCl は 1 価の強酸であり，電離度の大きい HCl のほうが[H⁺]が大きいので，pH は小さい。

③ pH＝7 が中性であり，酸の水溶液をどんなに薄めても，pH が 7 より大きくなることはない。これは，酸の水溶液の濃度が極めて薄くなると，水の電離が無視できなくなるためである。

④,⑤ [OH⁻]**が大きいほど，pH の値は大きくなる**。

④について，アンモニア NH_3 は 1 価の弱塩基，水酸化ナトリウム NaOH は 1 価の強塩基であり，電離度の大きい NaOH のほうが[OH⁻]が大きく，[H⁺]は小さいので，pH は大きい。

⑤について，強塩基の水溶液を 10 倍に薄めると，pH は 1 小さくなる。水酸化ナトリウム NaOH は 1 価の強塩基であり，もとの水溶液は pH＝12 より，薄めた後は pH＝11 となる。

問題 24 - 2

強酸の水溶液の pH を 2 大きくするためには，水溶液の濃度を $\frac{1}{100}$ にすればよいので，水溶液の体積を 100 倍すればよい。

$10\,\text{mL} \times 100 = 1000\,\text{mL}$

24 日目　水の電離と水溶液の pH

第4章 酸と塩基の反応

25日目 中和反応

ここでは，酸と塩基がどのように反応するか，また，量的関係について確認しよう。

Keywords
中和 = 酸と塩基が反応して，互いにその性質を打ち消しあう反応。
塩 = 中和によって生じるイオン結合でできた物質。

CHART 25-1 中和反応

●中和反応

酸の H^+ と塩基の OH^- が反応して塩と水が生成する。

HCl ＋ NaOH ⟶ NaCl ＋ H_2O
酸　　塩基　　　塩　　水

※水が生成しない中和反応もある。

NH_3 ＋ HCl ⟶ NH_4Cl

CHART 25-2 中和反応の量的関係

●中和反応の量的関係

酸から生じる H^+ の物質量＝塩基から生じる OH^- の物質量

●酸の水溶液 V〔mL〕と，塩基の水溶液 V'〔mL〕がちょうど中和する条件

$$a \times c \,[\text{mol/L}] \times \frac{V}{1000}\,[\text{L}] = b \times c' \,[\text{mol/L}] \times \frac{V'}{1000}\,[\text{L}]$$

分類	価数	モル濃度	体積	
酸	a ×	c〔mol/L〕×	$\frac{V}{1000}$〔L〕	＝ H^+ の物質量
塩基	b ×	c'〔mol/L〕×	$\frac{V'}{1000}$〔L〕	＝ OH^- の物質量

⇕ 等しい

この関係式が成りたつと，酸と塩基がちょうど中和するんだね！

酸や塩基の強弱は関係しないぞ！

124　第4章 酸と塩基の反応

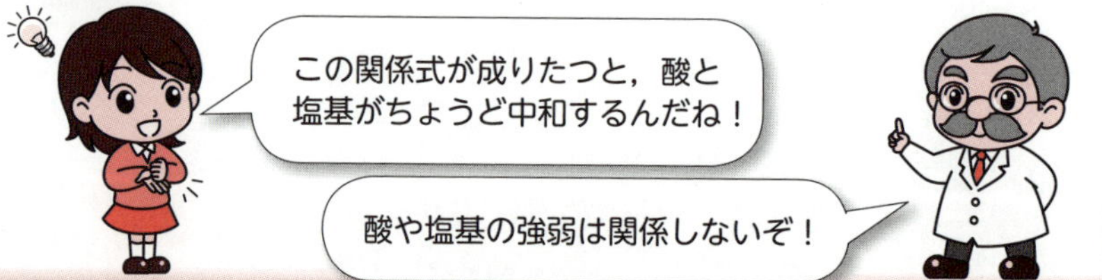

Let's Read ! 25-1, 25-2

例題 25-1

[センター試験]

正確に 10 倍に薄めた希塩酸 10 mL を中和するのに，0.10 mol/L の水酸化ナトリウム水溶液 8.0 mL を要した。薄める前の希塩酸の濃度は何 mol/L か。最も適当な数値を，次の ① ～ ⑤ のうちから一つ選べ。

① 0.080　② 0.16　③ 0.40　④ 0.80　⑤ 1.2

解き方を学ぼう !

薄める前の希塩酸のモル濃度を x [mol/L] とすると，以下のように整理できる。

分類	物質	価数	モル濃度	体積	
酸	塩化水素 HCl	1	$\times \dfrac{x}{10}$ [mol/L]	$\times \dfrac{10}{1000}$ L	= H⁺の物質量
塩基	水酸化ナトリウム NaOH	1	$\times 0.10$ mol/L	$\times \dfrac{8.0}{1000}$ L	= OH⁻の物質量

↕ 等しい

中和反応の量的関係より，**CHART 25-2** の式に代入して，

$$1 \times \frac{x}{10} \text{[mol/L]} \times \frac{10}{1000} \text{L} = 1 \times 0.10 \text{mol/L} \times \frac{8.0}{1000} \text{L} \qquad x = 0.80 \text{mol/L}$$

解答 ④

第4章

Let's Try ! CHARTを使って実際に解いてみよう !

問題 25-1

[センター試験]　3分

2 価の酸 0.300 g を含んだ水溶液を完全に中和するのに，0.100 mol/L の水酸化ナトリウム水溶液 40.0 mL を要した。この酸の分子量として最も適当な数値を，次の ① ～ ⑤ のうちから一つ選べ。

① 75.0　② 133　③ 150　④ 266　⑤ 300

問題 25-2

[センター試験]　3分

水酸化カリウムと塩化カリウムの混合物 10 g を純水に溶かした。この水溶液を中和するのに，2.5 mol/L の硫酸水溶液 10 mL を要した。もとの混合物は，水酸化カリウムを質量で何％含んでいたか。最も適当な数値を，次の ① ～ ⑥ のうちから一つ選べ。H=1.0, O=16, Cl=35.5, K=39

① 7.0　② 14　③ 28　④ 56　⑤ 72　⑥ 86

25 日目　中和反応

Let's Try! の解説

問題 25 - 1

求める酸のモル質量を M [g/mol] とすると, 物質量は $\dfrac{0.300}{M}$ [mol] である。

分類	物質	価数	物質量	
酸	ある酸	2	× $\dfrac{0.300}{M}$ [mol]	= H⁺の物質量
塩基	水酸化ナトリウム NaOH	1	× 0.100 mol/L (モル濃度) × $\dfrac{40.0}{1000}$ L (体積)	= OH⁻の物質量

↕ 等しい

物質量に注目して考えると, **物質量〔mol〕＝モル濃度〔mol/L〕×体積〔L〕**なので, 中和反応の量的関係より,

$$2 \times \dfrac{0.300}{M} \text{[mol]} = 1 \times 0.100 \text{ mol/L} \times \dfrac{40.0}{1000} \text{ L} \qquad M = 150 \text{ g/mol}$$

よって, 分子量は 150

問題 25 - 2

塩化カリウムは塩であり, 水に溶かすと中性であるので, 中和反応の量的関係では無視することができる。よって, ここでは塩基である水酸化カリウムを x [g] として, 硫酸と水酸化カリウムの中和を考えればよい。

分類	物質	価数	物質量	
酸	硫酸 H₂SO₄	2	× 2.5 mol/L (モル濃度) × $\dfrac{10}{1000}$ L (体積)	= H⁺の物質量
塩基	水酸化カリウム KOH (式量 56)	1	× $\dfrac{x}{56}$ [mol]	= OH⁻の物質量

↕ 等しい

中和反応の量的関係より,

$$2 \times 2.5 \text{ mol/L} \times \dfrac{10}{1000} \text{ L} = 1 \times \dfrac{x}{56} \text{ [mol]} \qquad x = 2.8 \text{ g}$$

混合物 10 g 中に水酸化カリウムが 2.8 g 含まれているので,

$$\dfrac{2.8 \text{ g}}{10 \text{ g}} \times 100\% = 28\%$$

塩化カリウムが正塩で水溶液が中性であることは 27 日目で学習するぞ！

第4章 酸と塩基の反応

| 1回目 | / | 2回目 | / |

26日目 中和滴定

ここでは，昨日学んだ中和反応の量的関係を実際にどのように求めるか，その操作方法としくみについて学ぼう。

Keywords

中和滴定	=	濃度不明の酸（または塩基）の水溶液の濃度を，正確な濃度がわかった塩基（または酸）の水溶液（標準液）と完全に中和する量を調べて，決定する実験操作。
ホールピペット	=	一定体積の溶液を正確にはかり取るためのガラス器具。
ビュレット	=	溶液を少量ずつ滴下し，その体積を読み取るためのガラス器具。
コニカルビーカー	=	口がやや細く，振り混ぜやすい形をしているビーカー。
メスフラスコ	=	正確な濃度の溶液を調製したり，溶液を正確に希釈したりするためのガラス器具。

CHART 26-1 中和滴定で使用するガラス器具

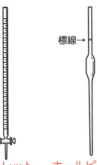

標線→ 標線→

ビュレット　　ホールピペット　　メスフラスコ　　コニカルビーカー

器具が純水でぬれているとき，使用する溶液で内部を2〜3回すすいでから使用する（共洗いという）。

器具が純水でぬれているとき，そのまま使用してよい。

体積をはかるガラス器具は加熱乾燥してはいけないんじゃ！

ガラス器具は熱により変形し，体積が変わってしまうからだね！

26日目　中和滴定　127

Let's Read ! 26-1

例題 26 - 1

［センター試験］

次の文章を読み，下の問い(**a**・**b**)に答えよ。

酢酸水溶液 A の濃度を中和滴定によって決めるために，あらかじめ純水で洗浄した器具を用いて，次の**操作 1 ～ 3**からなる実験を行った。

操作 1　ホールピペットで A を 10.0 mL とり，これを 100 mL のメスフラスコに移し，純水を加えて 100 mL とした。これを水溶液 B とする。

操作 2　別のホールピペットで B を 10.0 mL とり，これをコニカルビーカーに移し，少量の指示薬を加えた。これを水溶液 C とする。

操作 3　0.110 mol/L 水酸化ナトリウム水溶液 D をビュレットに入れて，C を滴定した。

a　**操作 1 ～ 3**における実験器具の使い方として**誤りを含むもの**を，次の ① ～ ⑤ のうちから一つ選べ。

① **操作 1**において，ホールピペットの内部に水滴が残っていたので，内部を A で洗ってから用いた。

② **操作 1**において，メスフラスコの内部に水滴が残っていたが，そのまま用いた。

③ **操作 2**において，コニカルビーカーの内部に水滴が残っていたので，内部を B で洗ってから用いた。

④ **操作 3**において，ビュレットの内部に水滴が残っていたので，内部を D で洗ってから用いた。

⑤ **操作 3**において，コック(活栓)を開いてビュレットの先端部分まで D を満たしてから滴定を始めた。

b　操作がすべて適切に行われた結果，**操作 3**において中和点までに要した D の体積は 7.50 mL であった。酢酸水溶液 A の濃度は何 mol/L か。最も適当な数値を，次の ① ～ ⑥ のうちから一つ選べ。

①　0.0825　　②　0.147　　③　0.165　　④　0.825　　⑤　1.47　　⑥　1.65

解き方を学ぼう！

a **CHART 26-1** の中和滴定で使用するガラス器具の特徴をそれぞれおさえよう。

① ホールピペット➡内部に水滴が残っている場合は，共洗いする。
水でぬれていると溶液が薄まってしまい，正確な物質量をはかり取ることができない。

② メスフラスコ➡水でぬれたまま使用してよい。
共洗いすると正確にはかり取った A 以外に，共洗いのときに容器に付着した分の溶液が入ってしまい，中の溶質が増えて，正確な濃度の溶液を調製できなくなる。

③ コニカルビーカー➡水でぬれたまま使用してよい。
共洗いすると滴定すべき B の物質量が増えてしまい，中に入っている溶質の物質量が増えて，正確な滴定ができない。

④ ビュレット➡内部に水滴が残っている場合は，共洗いする。
水でぬれていると正確に調製した溶液が薄まってしまう。

⑤ 滴定を始める前には，ビュレットのコックを開いて溶液を出すことで先端の空気を追い出し，先端部分まで溶液で満たしておかなければならない。

解答 ③

b 水溶液 A の酢酸水溶液のモル濃度を x [mol/L] とすると，**操作 1** で酢酸水溶液 A を 10 倍に薄めていることに注意して，以下のように整理できる。　➡ 25-2

分類	物質	価数	モル濃度	体積	
酸	酢酸 CH_3COOH	1	$\times \dfrac{x}{10}$ [mol/L] $\times$	$\dfrac{10.0}{1000}$ L	= H^+ の物質量
塩基	水酸化ナトリウム $NaOH$	1	$\times$ 0.110 mol/L $\times$	$\dfrac{7.50}{1000}$ L	= OH^- の物質量

（等しい）

中和反応の量的関係より，

$$1 \times \frac{x}{10} \text{ [mol/L]} \times \frac{10.0}{1000} \text{ L} = 1 \times 0.110 \text{ mol/L} \times \frac{7.50}{1000} \text{ L}$$

$x = 0.825 \text{ mol/L}$

解答 ④

CHART 26-2 滴定曲線

酸・塩基の組合せ	強酸と強塩基	弱酸と強塩基	強酸と弱塩基
滴定曲線と指示薬の色の変化	中和点が約7で，その前後でpHが大きく変化する。	中和点が塩基性側で，その前後でpHが大きく変化する。	中和点が酸性側で，その前後でpHが大きく変化する。
適切な指示薬	フェノールフタレイン メチルオレンジ	フェノールフタレイン	メチルオレンジ

酸と塩基が過不足なく反応して中和が終了する点を中和点というぞ！

中和点の前後でpHは急激に変化していることがわかるね。

Let's Read! 26-2

例題 26-2 〔センター試験〕

1価の酸の 0.20 mol/L 水溶液 10 mL を，ある塩基の水溶液で中和滴定した。塩基の水溶液の滴下量と pH の関係を図に示す。次の問い(**a**・**b**)に答えよ。

a この滴定に関する記述として**誤りを含むもの**を，次の ① 〜 ⑤ のうちから一つ選べ。

① この1価の酸は弱酸である。
② 滴定に用いた塩基の水溶液の pH は 12 より大きい。
③ 中和点における水溶液の pH は 7 である。
④ この滴定に適した指示薬はフェノールフタレインである。
⑤ この滴定に用いた塩基の水溶液を用いて，0.10 mol/L の硫酸水溶液 10 mL を中和滴定すると，中和に要する滴下量は 20 mL である。

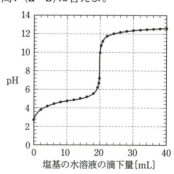

第4章 酸と塩基の反応

b 滴定に用いた塩基の水溶液として最も適当なものを，次の ① ～ ⑥ のうちから一つ選べ。

① 0.050 mol/L のアンモニア水　　② 0.10 mol/L のアンモニア水
③ 0.20 mol/L のアンモニア水　　④ 0.050 mol/L の水酸化ナトリウム水溶液
⑤ 0.10 mol/L の水酸化ナトリウム水溶液
⑥ 0.20 mol/L の水酸化ナトリウム水溶液

解き方を学ぼう！

a

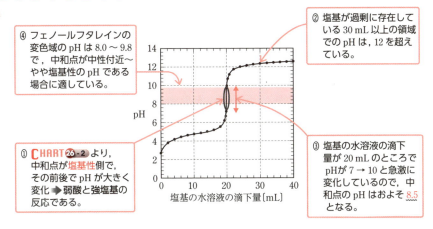

④ フェノールフタレインの変色域の pH は 8.0 ～ 9.8 で，中和点が中性付近～やや塩基性の pH である場合に適している。

② 塩基が過剰に存在している 30 mL 以上の領域での pH は，12 を超えている。

① CHART 26-2 より，中和点が塩基性側で，その前後で pH が大きく変化 ➡ 弱酸と強塩基の反応である。

③ 塩基の水溶液の滴下量が 20 mL のところで pH が 7 → 10 と急激に変化しているので，中和点の pH はおよそ 8.5 となる。

⑤ 1 価の酸の 0.20 mol/L 水溶液 10 mL に含まれる H^+ の量は，

$1 \times 0.20 \,\text{mol/L} \times \dfrac{10}{1000} \,\text{L} = 2.0 \times 10^{-3} \,\text{mol}$ である。また，0.10 mol/L の硫酸水溶液 10 mL に含まれる H^+ の量は，硫酸が 2 価の強酸であるので，

$2 \times 0.10 \,\text{mol/L} \times \dfrac{10}{1000} \,\text{L} = 2.0 \times 10^{-3} \,\text{mol}$ となり，これは滴定に用いた 1 価の酸に含まれる H^+ の量と等しい。よって，滴定に要する塩基の水溶液の体積は変わらない。

解答 ③

b **CHART 26-2** より，中和点が塩基性側で，その前後で pH が大きく変化 ➡ **強塩基**とわかるので，水酸化ナトリウム水溶液である。

求める塩基の濃度を x [mol/L] とすると，中和反応の量的関係より，

$$\underbrace{1 \times 0.20 \,\text{mol/L} \times \dfrac{10}{1000} \,\text{L}}_{H^+} = \underbrace{1 \times x \,[\text{mol/L}] \times \dfrac{20}{1000} \,\text{L}}_{OH^-} \qquad x = 0.10 \,\text{mol/L}$$

解答 ⑤

Let's Try ! CHARTを使って実際に解いてみよう！

問題 26 - 1 〔センター試験 改〕 3分

濃度がわかっている塩酸をホールピペットを用いてコニカルビーカーにとり，フェノールフタレイン溶液を数滴加えた。これに図1のようにして，濃度がわからない水酸化ナトリウム水溶液をビュレットから滴下した。この滴定実験に関する次の問い **a・b** に答えよ。その答えの組合せとして正しいものを，次の ① ～ ⑧ のうちから一つ選べ。

図1

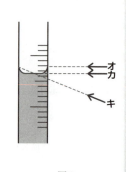

図2

a 次の操作**ア～エ**のうちから，**適当でないもの**を一つ選べ。

　ア　ビュレットの内部を蒸留水で洗ってから，滴定に用いる水酸化ナトリウム水溶液で洗った。

　イ　ホールピペットの内部を蒸留水で洗い，内壁に水滴が残ったまま，濃度がわかっている塩酸をとった。

　ウ　コニカルビーカーの内部を蒸留水で洗い，内壁に水滴が残ったまま，濃度がわかっている塩酸を入れた。

　エ　指示薬のフェノールフタレインが，かすかに赤くなり，軽く振っても色が消えなくなったときのビュレットの目盛りを読んだ。

	a	b
①	ア	オ
②	ア	カ
③	イ	カ
④	イ	オ
⑤	ウ	キ
⑥	ウ	カ
⑦	エ	キ
⑧	エ	カ

b 図2は，ビュレットの目盛りを読むときの視線を示している。目盛りを正しく読む視線を，矢印**オ～キ**のうちから一つ選べ。

問題 26 - 2

[センター試験] 2分

1価の塩基Aの0.10 mol/L水溶液10 mLに，酸Bの0.20 mol/L水溶液を滴下し，pHメーター(pH計)を用いてpHの変化を測定した。Bの水溶液の滴下量と測定されたpHの関係を図に示す。この実験に関する記述として**誤りを含むもの**を，下の①〜④のうちから一つ選べ。

① Aは弱塩基である。
② Bは強酸である。
③ 中和点までに加えられたBの物質量は，1.0×10^{-3} mol である。
④ Bは2価の酸である。

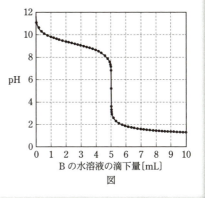

Let's Try ! の 解 説

問題 26 - 1

a ア ビュレット ➡ 共洗いする。
  イ ホールピペット ➡ 共洗いする。
   内壁に水滴が残ったままだと，中に入れる溶液の濃度が薄まってしまう。
  ウ コニカルビーカー ➡ 水でぬれたまま使用してよい。
  エ 指示薬のフェノールフタレインがかすかに赤くなり，軽く振っても色が消えなくなったときが中和点である。

b 目盛りを読むときは，液面の底に目の高さをそろえ，液面の底（メニスカスの下面）の値を読む。

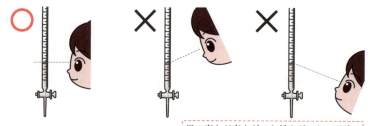

目の高さが高すぎても低すぎても，正確な値は読み取れない。

読むのはメニスカスの下面

なお，ビュレットの目盛りは，ビーカーやメスシリンダーなどと違って，上のほうが0であるので注意しよう。

問題 26 - 2

① , ② 中和点の pH が 5 付近（酸性側）で，その前後で pH が大きく変化する
➡強酸（B）と弱塩基（A）の組合せである。

③ 0.20 mol/L で 5.0 mL 加えられているので，

$0.20\,\mathrm{mol/L} \times \dfrac{5.0}{1000}\,\mathrm{L} = 1.0 \times 10^{-3}\,\mathrm{mol}$ である。

④ B を n 価の酸とすると，中和反応の量的関係より，

$1 \times 0.10\,\mathrm{mol/L} \times \dfrac{10}{1000}\,\mathrm{L} = n \times 0.20\,\mathrm{mol/L} \times \dfrac{5.0}{1000}\,\mathrm{L}$ $n = 1$

よって，B は 1 価の酸である。

今日は少し長かったけど，CHART をしっかりおさえて，明日からも頑張ろう！

134　第 4 章　酸と塩基の反応　　26 - 1　解答 ③　　26 - 2　解答 ④

第4章 酸と塩基の反応

27 日目 塩の性質

ここでは、酸と塩基の中和により生じた塩の性質をおさえよう。

keywords
- 酸性塩 = もとの酸の H が化学式中に残っている塩。
- 正塩 = もとの酸の H も塩基の OH も化学式中に残っていない塩。
- 塩基性塩 = もとの塩基の OH が化学式中に残っている塩。

CHART 27-1 塩の分類

H● + ■OH → ■● + H₂O
酸　　塩基　　　塩　　水

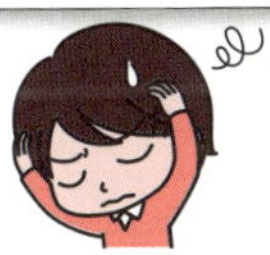

塩の分類は、化学式を見て決定する。

酸性塩　$H_2SO_4 + NaOH \longrightarrow NaHSO_4 + H_2O$
　　　　　　酸　　　塩基　　　　塩　　　水
　　　　　　　　　　　　　　　↑もとの酸の H

正塩　　$HCl + NaOH \longrightarrow NaCl + H_2O$
　　　　　　酸　　塩基　　　　塩　　水
　　　　　　　　　　　　　　↑もとの酸の H も塩基の OH も残っていない

塩基性塩　$HCl + Mg(OH)_2 \longrightarrow MgCl(OH) + H_2O$
　　　　　　　酸　　塩基　　　　　塩　　　　水
　　　　　　　　　　　　　　　　　↑もとの塩基の OH

NH₄Cl に含まれる H は NH₄⁺←塩基由来 Cl⁻←酸由来で、酸の H ではないので気を付けないと！

CHART 27-2 正塩の水溶液の性質

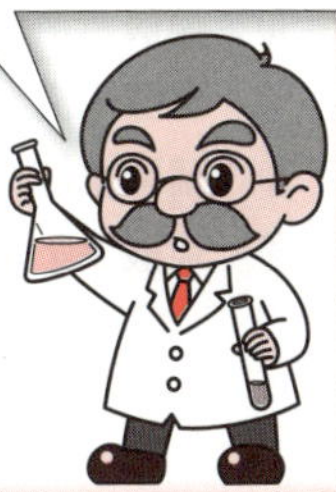

塩を水に溶かしてみよう。

もとの酸と塩基	水溶液の性質	塩
強酸と**強塩基**からなる正塩	中性	NaCl　Na₂SO₄
強酸と**弱塩基**からなる正塩	酸性	NH₄Cl
弱酸と**強塩基**からなる正塩	塩基性	CH₃COONa

> 酸性塩、正塩、塩基性塩は、塩の組成を区別するための形式的な分類法であって、それぞれの塩の水溶液の性質が必ずしも酸性、中性、塩基性を示すわけではないことに注意する。例えば、酸性塩のうち、硫酸水素ナトリウム NaHSO₄ の水溶液は**酸性**を、炭酸水素ナトリウム NaHCO₃ の水溶液は**塩基性**を示す。

Let's Read! 27-1, 27-2

例題 27-1

[センター試験]

次の塩 a ～ d について，水に溶かしたときに**中性を示さないもの**の組合せとして最も適当なものを，下の ① ～ ⑥ のうちから一つ選べ。

  a $NaCl$ **b** CH_3COONa **c** $NaNO_3$ **d** NH_4Cl

  ① **a・b**   ② **a・c**   ③ **a・d**   ④ **b・c**   ⑤ **b・d**   ⑥ **c・d**

解き方を学ぼう！

塩 a ～ d は正塩である。

CHART 27-2 より，もとの酸ともとの塩基がそれぞれ何であるかを考えよう。

	塩	もとの酸	もとの塩基	水溶液の性質
a	$NaCl$	HCl（強酸）	$NaOH$（強塩基）	中性
b	CH_3COONa	CH_3COOH（弱酸）	$NaOH$（強塩基）	塩基性
c	$NaNO_3$	HNO_3（強酸）	$NaOH$（強塩基）	中性
d	NH_4Cl	HCl（強酸）	NH_3（弱塩基）	酸性

解答 ⑤

Let's Read! 27-2

例題 27-2

[センター試験 改]

同じモル濃度の酸と塩基の水溶液を同体積ずつとり，混合した。得られた水溶液の性質に関する記述として**誤りのあるもの**を，次の ① ～ ④ のうちから一つ選べ。

  ① 硝酸水溶液と水酸化ナトリウム水溶液を混合すると中性になる。

  ② 酢酸水溶液と水酸化ナトリウム水溶液を混合すると塩基性になる。

  ③ 硫酸水溶液と水酸化マグネシウム水溶液を混合すると中性になる。

  ④ 塩酸とアンモニア水を混合すると酸性になる。

136 第4章 酸と塩基の反応

解き方を学ぼう！

CHART 27-2 より，同じ濃度で同じ体積である酸の水溶液と塩基の水溶液を混合したときに生成する塩の水溶液の性質は，もとの酸ともとの塩基の強さに関係することに注意して，以下のように整理してみよう。

	もとの酸	もとの塩基	塩	水溶液の性質
①	硝酸 HNO_3(1価の**強酸**)	水酸化ナトリウム NaOH(1価の**強塩基**)	硝酸ナトリウム $NaNO_3$	中性
②	酢酸 CH_3COOH(1価の**弱酸**)	水酸化ナトリウム NaOH(1価の**強塩基**)	酢酸ナトリウム CH_3COONa	塩基性
③	硫酸 H_2SO_4(2価の**強酸**)	水酸化マグネシウム $Mg(OH)_2$(2価の**弱塩基**)	硫酸マグネシウム $MgSO_4$	**酸性**
④	塩化水素 HCl(1価の**強酸**)	アンモニア NH_3(1価の**弱塩基**)	塩化アンモニウム NH_4Cl	酸性

解答 ③

Let's Try !

CHARTを使って実際に解いてみよう！

問題 27-1　　　　　　[センター試験 改]　2分

塩の水溶液の性質に関する記述として正しいものを，次の ①～④ のうちから一つ選べ。

① 塩化アンモニウム水溶液は酸性である。

② 酢酸ナトリウム水溶液は中性である。

③ 炭酸ナトリウム水溶液は中性である。

④ 塩化ナトリウム水溶液は塩基性である。

問題 27-2　　　　　　[センター試験 改]　3分

同じモル濃度の水溶液 A と B を，体積比 1:1 で混合したとき，水溶液が酸性を示した。A と B の組合せとして正しいものを，次の ① ～ ⑤ のうちから一つ選べ。

	A	B
①	塩酸	アンモニア水
②	塩酸	水酸化ナトリウム水溶液
③	塩酸	水酸化バリウム水溶液
④	硫酸水溶液	水酸化カルシウム水溶液
⑤	酢酸水溶液	水酸化カリウム水溶液

27日目 塩の性質　137

Let's Try！の解説

問題 27-1

もとの酸ともとの塩基がそれぞれ何であるか考えよう。

水溶液	もとの酸	もとの塩基	塩	水溶液の性質
① 塩化アンモニウム水溶液	HCl（強酸）	NH₃（弱塩基）	NH₄Cl（正塩）	酸性
② 酢酸ナトリウム水溶液	CH₃COOH（弱酸）	NaOH（強塩基）	CH₃COONa（正塩）	塩基性
③ 炭酸ナトリウム水溶液	H₂CO₃(CO₂ + H₂O)（弱酸）	NaOH（強塩基）	Na₂CO₃（正塩）	塩基性
④ 塩化ナトリウム水溶液	HCl（強酸）	NaOH（強塩基）	NaCl（正塩）	中性

問題 27-2

AとBの水溶液からどのような塩が生成され、水溶液が何性を示すかを考えよう。
なお、ちょうど中和せず、未反応の酸や塩基の水溶液が残る可能性もあるので注意しよう。

	A	B	塩	水溶液の性質
①	塩酸（1価の強酸）	アンモニア水（1価の弱塩基）	塩化アンモニウム	酸性
②	塩酸（1価の強酸）	水酸化ナトリウム水溶液（1価の強塩基）	塩化ナトリウム	中性
③	塩酸（1価の強酸）	水酸化バリウム水溶液（2価の強塩基）	塩化バリウム	塩基性（水酸化バリウムが2価の塩基のため完全に中和せず、水酸化バリウムが余る。）
④	硫酸水溶液（2価の強酸）	水酸化カルシウム水溶液（2価の強塩基）	硫酸カルシウム	中性
⑤	酢酸水溶液（1価の弱酸）	水酸化カリウム水溶液（1価の強塩基）	酢酸カリウム	塩基性

第4章

塩の水溶液の性質を知るためには、もとの酸ともとの塩基が何であるかと、その酸と塩基の強弱がわかればいいんだね。

次のページの演習問題にチャレンジしてみよう！

27日目 塩の性質

第4章　演習問題

1

［センター試験］ **2分**

次の水溶液 A ～ D を，pH の大きいものから順に並べるとどうなるか。最も適当なものを，下の ① ～ ⑥ のうちから一つ選べ。

A　0.01 mol/L アンモニア水
B　0.01 mol/L 水酸化カルシウム水溶液
C　0.01 mol/L 硫酸水溶液
D　0.01 mol/L 塩酸

① A > B > D > C　　② A = B > D > C　　③ B > A > C = D
④ B > A > D > C　　⑤ C > D > A > B　　⑥ C > D > A = B

例題 24 - 1 , 24 - 2

2

［センター試験］ **3分**

水酸化バリウム 17.1 g を純水に溶かし，1.00 L の水溶液にした。この水溶液を用いて，濃度未知の酢酸水溶液 10.0 mL の中和滴定を行ったところ，過不足なく中和するのに 15.0 mL を要した。この酢酸水溶液の濃度は何 mol/L か。最も適当な数値を，次の ① ～ ⑥ のうちから一つ選べ。H = 1.0, O = 16, Ba = 137

① 0.0300　　② 0.0750　　③ 0.150　　④ 0.167　　⑤ 0.300　　⑥ 0.333

例題 20 - 2 , 25 - 1

3

［センター試験］ **4分**

次の水溶液 a・b を用いて中和滴定の実験を行った。a を過不足なく中和するのに b は何 mL 必要か。最も適当な数値を，下の ① ～ ⑥ のうちから一つ選べ。

a　0.20 mol/L 塩酸 10 mL に 0.12 mol/L 水酸化ナトリウム水溶液 20 mL を加えた水溶液
b　0.40 mol/L 硫酸水溶液 10 mL を水で薄めて 1.0 L とした水溶液

① 5.0　　② 10　　③ 25　　④ 50　　⑤ 100　　⑥ 200

例題 20 - 2 , 25 - 1 , 25 - 2

140　第4章　酸と塩基の反応

解説

1

A　0.01 mol/L アンモニア水　　　　1価の弱塩基　┐ 塩基性
B　0.01 mol/L 水酸化カルシウム水溶液　2価の強塩基　┘ pHは7より大きい

C　0.01 mol/L 硫酸水溶液　　　　　　2価の強酸　　┐ 酸性
D　0.01 mol/L 塩酸　　　　　　　　　1価の強酸　　┘ pHは7より小さい

まず、A, B > 7 > C, D ということがわかる。
AとBを比べると、Bのほうが価数も電離度も大きい ⇒ [OH⁻] はBのほうが大きい ⇒ pHが大きい　　よって、B > A である。
CとDを比べると、同じ強酸であるが、Cのほうが価数が大きい ⇒ [H⁺] はCのほうが大きい ⇒ pHが小さい　　よって、D > C である。
よって、pHの大きいものから順に並べると、B > A > D > C となる。

2

水酸化バリウム $Ba(OH)_2$（式量171）17.1 gの物質量は、$\dfrac{17.1\,\text{g}}{171\,\text{g/mol}} = 0.100\,\text{mol}$ である。

1.00 L のこの水溶液のモル濃度は、$\dfrac{0.100\,\text{mol}}{1.00\,\text{L}} = 0.100\,\text{mol/L}$ である。

酢酸水溶液の濃度を x [mol/L] とすると、中和反応の量的関係より、

$$1 \times x\,[\text{mol/L}] \times \dfrac{10.0}{1000}\,\text{L} = 2 \times 0.100\,\text{mol/L} \times \dfrac{15.0}{1000}\,\text{L} \quad x = 0.300\,\text{mol/L}$$

3

必要な b の体積を x [mL] とすると、以下のように整理できる。

分類	物質	価数	モル濃度	体積	
a の酸	塩化水素 HCl	1	× 0.20 mol/L	× $\dfrac{10}{1000}$ L	= $\dfrac{2.0}{1000}$ mol …H⁺の物質量
a の塩基	水酸化ナトリウム NaOH	1	× 0.12 mol/L	× $\dfrac{20}{1000}$ L	= $\dfrac{2.4}{1000}$ mol …OH⁻の物質量
b の酸	硫酸 H_2SO_4	2	× $\dfrac{0.40}{100}$ mol/L	× $\dfrac{x}{1000}$ L	= $\dfrac{0.0080x}{1000}$ mol …H⁺の物質量

酸から生じる H⁺ の物質量＝塩基から生じる OH⁻ の物質量より、

$$\dfrac{2.0}{1000}\,\text{mol} + \dfrac{0.0080x}{1000}\,\text{mol} = \dfrac{2.4}{1000}\,\text{mol} \quad x = 50\,\text{mL}$$

aの酸　　bの酸　　aの塩基

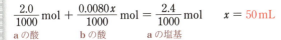

4

[センター試験] 3分

濃度が 0.10 mol/L の酸 **a・b** を 10 mL ずつとり，それぞれを 0.10 mol/L 水酸化ナトリウム水溶液で滴定し，滴下量と溶液の pH との関係を調べた。図に示した滴定曲線を与える酸の組合せとして最も適当なものを，下の ① ～ ⑥ のうちから一つ選べ。

	a	b
①	塩酸	酢酸水溶液
②	酢酸水溶液	塩酸
③	硫酸水溶液	塩酸
④	塩酸	硫酸水溶液
⑤	硫酸水溶液	酢酸水溶液
⑥	酢酸水溶液	硫酸水溶液

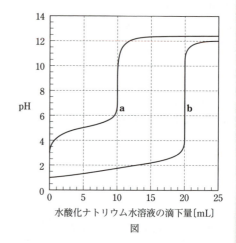

例題 25 - 2 , 26 - 2

5

[センター試験 改] 3分

次の表の **a** 欄と **b** 欄に示す水溶液を同体積ずつ混合したとき，酸性を示すものを ① ～ ④ のうちから一つ選べ。

	a	b
①	0.1 mol/L の塩酸	0.1 mol/L の水酸化バリウム水溶液
②	0.1 mol/L の塩化カリウム水溶液	0.1 mol/L の炭酸ナトリウム水溶液
③	0.1 mol/L の硫酸水溶液	0.2 mol/L の水酸化ナトリウム水溶液
④	0.1 mol/L の塩酸	0.1 mol/L のアンモニア水

例題 25 - 2 , 27 - 1 , 27 - 2

第 4 章　酸と塩基の反応

解　説

4

滴定曲線は中和点付近の pH に注目する。

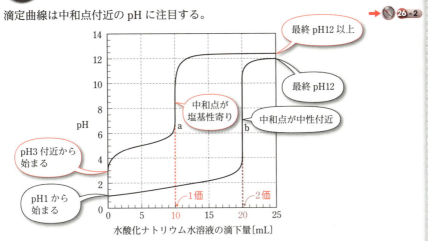

a 中和点が塩基性側で，その前後で pH が大きく変化➡弱酸と強塩基の組合せである。よって，a の酸は 1 価の弱酸である酢酸水溶液。

b 中和点が約 7 で，その前後で pH が大きく変化➡強酸と強塩基の組合せである。よって，b の酸は 2 価の強酸である硫酸水溶液。

5

酸から生じる H^+ の物質量と塩基から生じる OH^- の物質量を比較し，ちょうど中和するかどうかを考えよう。

	a	b	水溶液の性質
①	塩酸 HCl（1 価の強酸） 0.1 mol/L	水酸化バリウム水溶液 $Ba(OH)_2$（2 価の強塩基） 0.1 mol/L	OH^- が残る➡塩基性
②	塩化カリウム水溶液 KCl （強酸と強塩基の中和で生じた正塩）➡中性 0.1 mol/L	炭酸ナトリウム水溶液 Na_2CO_3 （弱酸と強塩基の中和で生じた正塩）➡塩基性 0.1 mol/L	中性の水溶液と塩基性の水溶液を混合 ➡塩基性
③	硫酸水溶液 H_2SO_4（2 価の強酸） 0.1 mol/L	水酸化ナトリウム水溶液 NaOH（1 価の強塩基） 0.2 mol/L	ちょうど中和する ➡中性
④	塩酸 HCl（1 価の強酸） 0.1 mol/L	アンモニア水 NH_3（1 価の弱塩基） 0.1 mol/L	ちょうど中和する NH_4Cl（正塩）➡酸性

4 解答 ⑥　　5 解答 ④

第5章　酸化還元反応

| 1回目　／ | 2回目　／ |

28日目 酸化と還元

ここでは，物質が「酸化される」，「還元される」ということについて考えよう。

Keywords

酸化 ＝ 物質が酸素を受け取る反応。このときその物質は**酸化された**という。

還元 ＝ 酸素との化合物が酸素を失う反応。このときその物質は**還元された**という。

酸化数 ＝ 酸化と還元が判断しやすいように，取り決めにしたがって電子 e^- の出入りを表す数。

酸化還元反応 ＝ 反応の過程で電子 e^- の授受がある化学反応。酸化されるものと還元されるものが必ず一つの反応式の中に存在する。

酸化剤 ＝ 相手を**酸化**する物質。そのとき酸化剤自身は**還元**される。

還元剤 ＝ 相手を**還元**する物質。そのとき還元剤自身は**酸化**される。

CHART 28-1　酸化還元反応

●酸化還元反応で起こること

	酸素 O	水素 H	電子 e^-	酸化数	相手の物質を
酸化される	受け取る	失う	失う	増加	還元する
還元される	失う	受け取る	受け取る	減少	酸化する

●酸化数

- ・酸化数が＋のとき：電子を失って酸化された状態
- ・酸化数が−のとき：電子を受け取って還元された状態

●酸化数の決め方

(1) 単体中の原子の酸化数は 0

(2) 化合物中の水素原子の酸化数はふつう＋1，酸素原子の酸化数はふつう−2

(3) 化合物を構成する原子の酸化数の総和は 0

(4) 単原子イオンの酸化数は，そのイオンの電荷に等しい

(5) 多原子イオンを構成する原子の酸化数の総和は，そのイオンの電荷に等しい

144　第5章　酸化還元反応

(2)について，例外もあるから気をつけよう！
例外 H$_2$O$_2$，NaH，CaH$_2$
　　　　　-1　　-1　　-1

Let's Read ! 28-1

例題 28 - 1

次の酸化還元反応 a ～ e のうち，下線を引いた物質が酸化されているものはどれか。その組合せとして正しいものを，下の ① ～ ⑧ のうちから一つ選べ。

a　$2H_2S + \underline{SO_2} \longrightarrow 3S + 2H_2O$
b　$\underline{CuO} + H_2 \longrightarrow Cu + H_2O$
c　$2H\underline{I} + Cl_2 \longrightarrow 2HCl + I_2$
d　$\underline{MnO_2} + 4HCl \longrightarrow MnCl_2 + Cl_2 + 2H_2O$
e　$2\underline{H_2S} + SO_2 \longrightarrow 3S + 2H_2O$

① a・b　② a・c　③ a・d　④ a・e
⑤ b・d　⑥ b・e　⑦ c・d　⑧ c・e

解き方を学ぼう！

CHART 28-1 にしたがって a ～ e の化学反応式を見てみよう。また，それぞれの原子の酸化数を求めてみよう。

酸化数の求め方

a の SO$_2$ 中の S の酸化数を求めてみよう！
　SO$_2$ 全体の酸化数：0　　　…酸化数の決め方(3)
　O の酸化数：-2　　　　　…酸化数の決め方(2)
　求める S の酸化数を x とすると，
　　$x + (-2) \times 2 = 0$　　　$x = +4$
　よって，SO$_2$ 中の S の酸化数は $+4$ であるとわかる。

b ～ e も同じようにして酸化数を求めてみよう。

a　$2H_2S + \underset{+4}{\underline{SO_2}} \longrightarrow 3\underset{0}{\underline{S}} + 2H_2O$　　　　S 原子の酸化数の変化：$+4 \rightarrow 0$

よって，SO$_2$ は酸化数が減少する原子を含むので，SO$_2$ は還元されている。

28 日目　酸化と還元　**145**

b $\underset{+2}{\underline{Cu}}O + H_2 \longrightarrow \underset{0}{\underline{Cu}} + H_2O$　　　　　Cu 原子の酸化数の変化：$+2 \to 0$

よって，CuO は酸化数が減少する原子を含むので，CuO は還元されている。

c $2H\underset{-1}{\underline{I}} + Cl_2 \longrightarrow 2HCl + \underset{0}{\underline{I}}_2$　　　　　I 原子の酸化数の変化：$-1 \to 0$

よって，HI は酸化数が増加する原子を含むので，HI は酸化されている。

d $\underset{+4}{\underline{Mn}}O_2 + 4HCl \longrightarrow \underset{+2}{\underline{Mn}}Cl_2 + Cl_2 + 2H_2O$　　Mn 原子の酸化数の変化：$+4 \to +2$

よって，MnO₂ は酸化数が減少する原子を含むので，MnO₂ は還元されている。

e $2H_2\underset{-2}{\underline{S}} + SO_2 \longrightarrow 3\underset{0}{\underline{S}} + 2H_2O$　　　　　S 原子の酸化数の変化：$-2 \to 0$

よって，H₂S は酸化数が増加する原子を含むので，H₂S は酸化されている。

解答 ⑧

a　SO₂ は O を失い S になる
b　CuO は O を失い Cu になる
　　　　　　　　　　　　　　　　→ 還元された
c　HI は H を失い I₂ になる
e　H₂S は H を失い S になる
　　　　　　　　　　　　　　　　→ 酸化された
と考えることもできるんだね！

CHART 28-2　酸化剤・還元剤

酸化剤
- 相手の物質を酸化し，自身は還元される物質。
- 相手の物質から電子を奪う。
- 酸化数が減少する原子を含む。

還元剤
- 相手の物質を還元し，自身は酸化される物質。
- 相手の物質に電子を与える。
- 酸化数が増加する原子を含む。

強い酸化剤の例　過マンガン酸カリウム KMnO₄，二クロム酸カリウム K₂Cr₂O₇
（硫酸酸性水溶液）

$MnO_4^- + 8H^+ + 5e^- \longrightarrow Mn^{2+} + 4H_2O$
赤紫色　　　　　　　　　　ほぼ無色
　　　　　　　　　　　　　（淡桃色）

$Cr_2O_7^{2-} + 14H^+ + 6e^- \longrightarrow 2Cr^{3+} + 7H_2O$
赤橙色　　　　　　　　　　緑色

強い還元剤の例　硫化水素 H₂S，シュウ酸 H₂C₂O₄

$H_2S \longrightarrow S + 2H^+ + 2e^-$

$H_2C_2O_4 \longrightarrow 2CO_2 + 2H^+ + 2e^-$

第5章　酸化還元反応

CHART 酸化剤が相手の物質から奪う電子の数と，還元剤が相手の物質に与える電子の数が同じとき，酸化剤と還元剤はちょうど反応する。

酸化剤……電子を奪う

$\text{Cl}_2 + 2e^- \longrightarrow 2\text{Cl}^-$ …(1)

還元剤……電子を与える

$\text{Na} \longrightarrow \text{Na}^+ + e^-$ …(2)

(1), (2)の式より，e^-を消去すると((1)+(2)×2)，

$2\text{Na} + \text{Cl}_2 \longrightarrow 2\text{NaCl}$ ←酸化還元の化学反応式となる。

反応する相手によって，酸化剤にも還元剤にもなる物質があるので気をつけよう。

H_2O_2とSO_2だね！

Let's Read! 28-2

例題 28-2 〔センター試験〕

下線で示す物質が還元剤としてはたらいている化学反応式を，次の ① ～ ⑥ のうちから一つ選べ。

① $2\underline{\text{H}_2\text{O}} + 2\text{K} \longrightarrow 2\text{KOH} + \text{H}_2$
② $\underline{\text{Cl}_2} + 2\text{KBr} \longrightarrow 2\text{KCl} + \text{Br}_2$
③ $\underline{\text{H}_2\text{O}_2} + 2\text{KI} + \text{H}_2\text{SO}_4 \longrightarrow 2\text{H}_2\text{O} + \text{I}_2 + \text{K}_2\text{SO}_4$
④ $\underline{\text{H}_2\text{O}_2} + \text{SO}_2 \longrightarrow \text{H}_2\text{SO}_4$
⑤ $\underline{\text{SO}_2} + \text{Br}_2 + 2\text{H}_2\text{O} \longrightarrow \text{H}_2\text{SO}_4 + 2\text{HBr}$
⑥ $\underline{\text{SO}_2} + 2\text{H}_2\text{S} \longrightarrow 3\text{S} + 2\text{H}_2\text{O}$

解き方を学ぼう！

CHART 28-2 より，還元剤とは相手の物質を還元し，自身は酸化される物質である。

➡還元剤は酸化数が増加する原子を含んでいる。

① $2\underline{H_2\underline{O}} + 2K \longrightarrow 2K\underline{O}H + \underline{H}_2$
$\quad\;\,{\scriptstyle +1\;-2}\qquad\qquad\quad{\scriptstyle -2}\quad\;\;{\scriptstyle 0}$

H 原子の酸化数が減少している ➡ H_2O は酸化剤としてはたらいている。

② $\underline{Cl}_2 + 2KBr \longrightarrow 2K\underline{Cl} + Br_2$
$\quad\;{\scriptstyle 0}\qquad\qquad\qquad\quad\;\;{\scriptstyle -1}$

Cl 原子の酸化数が減少している ➡ Cl_2 は酸化剤である。

③ $\underline{H_2\underline{O}_2} + 2KI + H_2SO_4 \longrightarrow 2\underline{H_2\underline{O}} + I_2 + K_2SO_4$
$\quad\;{\scriptstyle +1\;-1}\qquad\qquad\qquad\qquad\;\;{\scriptstyle +1\;-2}$

O 原子の酸化数が減少している ➡ H_2O_2 は酸化剤である。

④ $\underline{H_2\underline{O}_2} + SO_2 \longrightarrow \underline{H_2\underline{S}\underline{O}_4}$
$\quad\;{\scriptstyle +1\;-1}\qquad\qquad\quad{\scriptstyle +1\quad-2}$

O 原子の酸化数が減少している ➡ H_2O_2 は酸化剤である。

⑤ $\underline{S}\underline{O}_2 + Br_2 + 2H_2O \longrightarrow H_2\underline{S}\underline{O}_4 + 2HBr$
$\quad\;{\scriptstyle +4\;-2}\qquad\qquad\qquad\qquad{\scriptstyle +6\;-2}$

S 原子の酸化数が増加している ➡ SO_2 は 還元剤である。

⑥ $\underline{S}\underline{O}_2 + 2H_2S \longrightarrow 3\underline{S} + 2H_2\underline{O}$
$\quad\;{\scriptstyle +4\;-2}\qquad\qquad\qquad{\scriptstyle 0}\qquad\;\;{\scriptstyle -2}$

S 原子の酸化数が減少している ➡ SO_2 は酸化剤である。

解答 ⑤

Let's Try !

CHART を使って実際に解いてみよう！

問題 28-1

［センター試験］　2分

次の反応 **a ～ d** のうちで，酸化還元反応はどれか。その組合せとして正しいものを，下の ① ～ ⑥ のうちから一つ選べ。

a $2HCl + CaO \longrightarrow CaCl_2 + H_2O$

b $H_2SO_4 + Fe \longrightarrow FeSO_4 + H_2$

c $BaCO_3 + 2HCl \longrightarrow H_2O + CO_2 + BaCl_2$

d $Cl_2 + H_2 \longrightarrow 2HCl$

① **a・b**　② **a・c**　③ **a・d**　④ **b・c**　⑤ **b・d**　⑥ **c・d**

148　第 5 章　酸化還元反応

問題㉘ - ❷

[センター試験 改] 3分

次の酸化還元反応 (a～c) が起こることが知られている。これらの反応に関する記述として**誤りを含むもの**を，下の ①～④ のうちから一つ選べ。

a $O_3 + 2KI + H_2O \longrightarrow I_2 + 2KOH + O_2$
b $O_2 + 2H_2S \longrightarrow 2H_2O + 2S$
c $I_2 + H_2S \longrightarrow 2HI + S$

① a において，KI は酸化されている。
② a の O_3 中の O 原子と b の O_2 中の O 原子はそれぞれ酸化数が異なる。
③ c において，I_2 は酸化剤としてはたらいている。
④ b の H_2S と c の H_2S はともに還元剤としてはたらいている。

Let's Try ! の解説

問題㉘ - ❶

酸化還元反応が起これば，原子の酸化数は変化するので，それぞれの原子について酸化数を求めてみよう。

a $2\underset{+1}{H}\underset{-1}{Cl} + \underset{+2}{Ca}\underset{-2}{O} \longrightarrow \underset{+2}{Ca}\underset{-1}{Cl_2} + \underset{+1}{H_2}\underset{-2}{O}$
酸化数の変化はないので，酸化還元反応ではない。

b $\underset{+1}{H_2}\underset{+6}{S}\underset{-2}{O_4} + \underset{0}{Fe} \longrightarrow \underset{+2}{Fe}\underset{+6}{S}\underset{-2}{O_4} + \underset{0}{H_2}$
酸化数 Fe：0→+2，H：+1→0 より，酸化数の変化があるので，酸化還元反応である。

c $\underset{+2}{Ba}\underset{+4}{C}\underset{-2}{O_3} + 2\underset{+1}{H}\underset{-1}{Cl} \longrightarrow \underset{+1}{H_2}\underset{-2}{O} + \underset{+4}{C}\underset{-2}{O_2} + \underset{+2}{Ba}\underset{-1}{Cl_2}$
酸化数の変化はないので，酸化還元反応ではない。

d $\underset{0}{Cl_2} + \underset{0}{H_2} \longrightarrow 2\underset{+1}{H}\underset{-1}{Cl}$
酸化数 Cl：0→-1，H：0→+1 より，酸化数の変化があるので，酸化還元反応である。

28 日目 酸化と還元   149

問題 28 - 2

a ～ c の原子の酸化数の変化は次の通りである。

a $\underset{0}{O_3} + 2K\underset{+1\ -1}{I} + \underset{+1\ -2}{H_2O} \longrightarrow \underset{0}{I_2} + 2K\underset{+1\ -2\ +1}{O\ H} + \underset{0}{O_2}$

b $\underset{0}{O_2} + 2\underset{+1\ -2}{H_2S} \longrightarrow 2\underset{+1\ -2}{H_2O} + 2\underset{0}{S}$

c $\underset{0}{I_2} + \underset{+1\ -2}{H_2S} \longrightarrow 2\underset{+1\ -1}{H\ I} + \underset{0}{S}$

① a において，KI に含まれる I 原子の酸化数の変化：$-1 \rightarrow 0$ より，KI は酸化数が増加する原子を含むので，酸化されている。

② 単体中の原子の酸化数は 0 であり，a の O_3 も b の O_2 もそれぞれ O 原子の酸化数は 0 である。

③ c において，I_2 に含まれる I 原子の酸化数の変化：$0 \rightarrow -1$ より，I_2 は酸化数が減少する原子を含むので，還元されている ➡ 酸化剤としてはたらく。

④ b と c どちらの反応においても，H_2S に含まれる S 原子の酸化数の変化：$-2 \rightarrow 0$ より，H_2S は酸化数が増加する原子を含むので，酸化されている ➡ b と c の H_2S はともに還元剤としてはたらく。

酸化数の計算は大事だから，酸化数の求め方をしっかりマスターしよう！

第5章 酸化還元反応

1回目　／　　2回目　／

29日目 酸化剤・還元剤の反応

ここでは，酸化される物質・還元される物質の量的関係を理解しよう。

| 酸化還元滴定 | ＝ | 濃度不明の酸化剤（または還元剤）の濃度を，濃度がわかっている還元剤（または酸化剤）で滴定して濃度を求める操作。 |

CHART 29-1　酸化還元反応の量的関係 1

● 酸化剤と還元剤の反応は，反応式の係数によって量的関係がわかる。

例　$2KMnO_4 + 5H_2O_2 + 3H_2SO_4 \longrightarrow K_2SO_4 + 2MnSO_4 + 8H_2O + 5O_2$

この反応では酸化剤である $KMnO_4$ と還元剤である H_2O_2 の物質量の比は 2：5 である。

いつも係数の比で反応するんだね！

Let's Read! 29-1

例題 29-1
［センター試験 改］

硫酸酸性水溶液における過マンガン酸カリウム $KMnO_4$ と過酸化水素 H_2O_2 の反応は，次式のように表される。

　　$2KMnO_4 + 5H_2O_2 + 3H_2SO_4 \longrightarrow K_2SO_4 + 2MnSO_4 + 8H_2O + 5O_2$

濃度未知の過酸化水素水 10.0 mL に希硫酸を加えて酸性水溶液とした。この水溶液を 0.100 mol/L $KMnO_4$ 水溶液で滴定したところ，20.0 mL 加えたときに赤紫色が消えなくなった。この過酸化水素水の濃度［mol/L］として最も適当な数値を，次の ①～⑥ のうちから一つ選べ。

① 0.25　② 0.50　③ 1.0　④ 2.5　⑤ 5.0　⑥ 10

解き方を学ぼう！

CHART 29-1 より，酸化剤と還元剤の反応は，反応式の係数によって量的関係がわかるので，反応式の係数に注目してみよう。

　　$2KMnO_4 + 5H_2O_2 + 3H_2SO_4 \longrightarrow K_2SO_4 + 2MnSO_4 + 8H_2O + 5O_2$

$KMnO_4$（酸化剤）と H_2O_2（還元剤）は，物質量の比が 2：5 でちょうど反応する。

29日目 酸化剤・還元剤の反応　151

MnO_4^- → Mn^{2+} となるため，色が
赤紫色　ほぼ無色(淡桃色)
消えなくなった時点で完全に反応が
終了したと考えてよい（MnO_4^- が還元されなくなるため，色が残る）。
この H_2O_2 水溶液の濃度を x [mol/L] とすると，

MnO_4^- が赤紫色だから，指示薬を使わずに滴定できるね！

$$\underbrace{\left(0.100\,\text{mol/L} \times \frac{20.0}{1000}\,\text{L}\right)}_{KMnO_4\text{ の物質量}} : \underbrace{\left(x\,\text{[mol/L]} \times \frac{10.0}{1000}\,\text{L}\right)}_{H_2O_2\text{ の物質量}} = 2:5$$

$x = 0.500\,\text{mol/L}$

解答 ②

CHART 29-2　酸化還元反応の量的関係 2

● 酸化剤と還元剤の反応は，授受する電子の数が等しいとき，過不足なく反応する。

酸化剤が奪う電子 e^- の物質量 ＝ 還元剤が与える電子 e^- の物質量

$$c\,\text{[mol/L]} \times \frac{V}{1000}\,\text{[L]} \times n = c'\,\text{[mol/L]} \times \frac{V'}{1000}\,\text{[L]} \times n'$$

濃度　　　体積　　電子の係数　　濃度　　　体積　　電子の係数

酸化剤
$SO_2 + 4H^+ + ④e^- \longrightarrow S + 2H_2O$　　　　$SO_2 + 4H^+ + ④e^- \longrightarrow S + 2H_2O$

比べる　　　　　　　　　　　　　　　　　　　そろえる

還元剤
$H_2S \longrightarrow S + 2H^+ + ②e^-$　　式を2倍　　+) $2H_2S \longrightarrow 2S + 4H^+ + ④e^-$

　　　　　　　　　　　　　　　　　　　　　　$SO_2 + 2H_2S \longrightarrow 3S + 2H_2O$

酸化剤が奪う電子の数と還元剤が与える電子の数は等しいぞ！

Let's Read! 29-2

例題 29-2　〔センター試験〕

0.050 mol/L の $FeSO_4$ 水溶液 20 mL と過不足なく反応する硫酸酸性の 0.020 mol/L の $KMnO_4$ 水溶液の体積は何 mL か。最も適当な数値を，下の ①〜⑧ のうちから一つ選べ。ただし，MnO_4^- と Fe^{2+} はそれぞれ酸化剤および還元剤として次のようにはたらく。

$MnO_4^- + 8H^+ + 5e^- \longrightarrow Mn^{2+} + 4H_2O$

$Fe^{2+} \longrightarrow Fe^{3+} + e^-$

① 2.0　② 4.0　③ 10　④ 20　⑤ 40　⑥ 50　⑦ 100　⑧ 250

第5章　酸化還元反応

解き方を学ぼう！

CHART 29-1 より，反応式の係数に注目してみると，

$$\blacksquare MnO_4^- + 8H^+ + \boxed{5}e^- \longrightarrow Mn^{2+} + 4H_2O$$

MnO_4^- 1 mol につき 5 mol の電子を奪う。

$$\blacksquare Fe^{2+} \longrightarrow Fe^{3+} + \blacksquare e^-$$

Fe^{2+} 1 mol につき 1 mol の電子を与える。

求める $KMnO_4$ 水溶液の体積を x [mL] とすると，**CHART 29-2** の

酸化剤が奪う電子 e^- の物質量 ＝ 還元剤が与える電子 e^- の物質量 より，

$$\underbrace{0.020\,mol/L \times \frac{x}{1000}\,[L] \times 5}_{MnO_4^-\,が奪う\,e^-\,の物質量} = \underbrace{0.050\,mol/L \times \frac{20}{1000}\,L \times 1}_{Fe^{2+}\,が与える\,e^-\,の物質量} \qquad x = 10\,mL$$

解答 ③

Let's Try ! CHARTを使って実際に解いてみよう！

問題 29-1 〔3分〕

濃度不明の二クロム酸カリウム水溶液 10 mL に希硫酸を加えて酸性とした後，0.16 mol/L の過酸化水素水 15 mL を加えた。このとき $Cr_2O_7^{2-}$ が過不足なく反応し，Cr^{3+} となるとすると，もとの二クロム酸カリウム水溶液の濃度は何 mol/L か。最も適当な数値を，下の ① ～ ⑥ のうちから一つ選べ。ただし，酸化剤の二クロム酸カリウム水溶液と還元剤の過酸化水素は次のようにはたらく。

$$K_2Cr_2O_7 + 3H_2O_2 + 4H_2SO_4 \longrightarrow K_2SO_4 + Cr_2(SO_4)_3 + 7H_2O + 3O_2$$

① 0.016 ② 0.080 ③ 0.16 ④ 0.20 ⑤ 0.40 ⑥ 0.80

問題 29-2 〔センター試験〕 〔3分〕

硫酸で酸性にした過酸化水素水に，0.25 mol/L の過マンガン酸カリウム水溶液を 60 mL 加えた。このとき，次の反応が起こる。

$$H_2O_2 \longrightarrow O_2 + 2H^+ + 2e^-$$

$$MnO_4^- + 8H^+ + 5e^- \longrightarrow Mn^{2+} + 4H_2O$$

過マンガン酸カリウムが完全に反応したとすると，発生する酸素の体積は標準状態で何 L か。発生した気体は水溶液に溶けないものとして，最も適当な数値を，次の ① ～ ⑥ のうちから一つ選べ。

① 0.17 ② 0.34 ③ 0.84 ④ 1.7 ⑤ 3.4 ⑥ 8.4

Let's Try! の解説

問題 29-1

■$K_2Cr_2O_7$ + 3H_2O_2 + 4H_2SO_4 ⟶ K_2SO_4 + $Cr_2(SO_4)_3$ + 7H_2O + 3O_2

反応式の係数の比より，$K_2Cr_2O_7$ と H_2O_2 は物質量の比が $1:3$ で反応する。

もとの二クロム酸カリウム水溶液の濃度を x [mol/L] とすると，

$$\underbrace{\left(x\,[\text{mol/L}] \times \frac{10}{1000}\,\text{L}\right)}_{K_2Cr_2O_7 \text{の物質量}} : \underbrace{\left(0.16\,\text{mol/L} \times \frac{15}{1000}\,\text{L}\right)}_{H_2O_2 \text{の物質量}} = 1:3$$

$x = 0.080\,\text{mol/L}$

問題 29-2

$H_2O_2 \longrightarrow O_2 + 2H^+ + 2e^-$ ……(1)

$MnO_4^- + 8H^+ + 5e^- \longrightarrow Mn^{2+} + 4H_2O$ ……(2)

H_2O_2 は 2 mol の e^- を与え，MnO_4^- は 5 mol の e^- を奪う。
反応した H_2O_2 の物質量を x [mol] とすると，

酸化剤が奪う電子 e^- の物質量 = 還元剤が与える電子 e^- の物質量 より，

$$\underbrace{0.25\,\text{mol/L} \times \frac{60}{1000}\,\text{L} \times 5}_{MnO_4^- \text{が奪う} e^- \text{の物質量}} = \underbrace{x\,[\text{mol}] \times 2}_{H_2O_2 \text{が与える} e^- \text{の物質量}}$$

$x = 3.75 \times 10^{-2}\,\text{mol}$

(1)の式の係数の比より，反応した H_2O_2 と発生する O_2 の物質量は等しい。
よって，発生する O_2 の標準状態での体積は

$22.4\,\text{L/mol} \times 3.75 \times 10^{-2}\,\text{mol} = 0.84\,\text{L}$

あと 6 日分，気を抜かずにしっかり学習しよう。

第5章 酸化還元反応

1回目 ／　　2回目 ／

30日目 金属の酸化還元反応

ここでは，身近な金属を用いた酸化還元反応とそれを利用した電池について学ぼう。

Keywords

- **金属のイオン化傾向** ＝ 単体の金属の原子が水溶液中で電子を失って，陽イオンになろうとする性質。
- **金属のイオン化列** ＝ 金属をイオン化傾向の大きなものから順に並べたもの。
- **電池** ＝ 酸化還元反応によって発生する化学エネルギーを，直流の電気エネルギーとして取り出す装置。
- **電極** ＝ 電池における正極・負極のように，電気的に物質どうしを接続させるのに用いる導体などのこと。
- **負極** ＝ 導線に向かって電子が流れ出す電極（酸化反応が起こる）。
- **正極** ＝ 導線から電子が流れこむ電極（還元反応が起こる）。
- **起電力** ＝ 正極と負極の間の電位差（電圧）。正極と負極に用いた金属のイオン化傾向の差が大きいほど起電力は大きい。

CHART 30-1 金属のイオン化傾向とイオン化列

| イオン化列 | Li | K | Ca | Na | Mg | Al | Zn | Fe | Ni | Sn | Pb | (H₂) | Cu | Hg | Ag | Pt | Au |

イオン化傾向大 ←──────────────────→ イオン化傾向小

- イオン化傾向の**大きい**金属ほど，電子を失って，**陽イオン**になりやすい。
- イオン化傾向の**小さい**金属イオンの水溶液に，イオン化傾向の**大きい**金属の単体を浸すと，イオン化傾向の**小さい**金属が析出する。
- Li〜Na　　　　　　：空気中で酸化される。また，水と反応して水素を発生する。
- Mg〜Fe　　　　　　：高温の水蒸気と反応して水素を発生する。
- Cuよりイオン化　　：塩酸や希硫酸とは反応しない。また，硝酸や熱濃硫酸と
  傾向小の金属　　　　反応する。
- Pt，Au　　　　　　：硝酸や熱濃硫酸にも溶けないが，王水に溶ける。

イオン化傾向大＝電子を失いやすい＝酸化されやすい
＝相手を還元しやすいことをしっかり理解しよう！

30日目　金属の酸化還元反応　155

ここがポイント！ 金属のイオン化傾向とイオン列について，以下のように整理できる。

イオン化列	Li K Ca Na Mg	Al	Zn Fe Ni Sn Pb (H₂)	Cu Hg Ag	Pt Au
乾燥空気との反応	常温で速やかに酸化	加熱により酸化	強熱により酸化	反応しない	
水との反応	常温で反応して水素を発生	高温の水蒸気と反応して水素を発生	反応しない		
酸との反応	塩酸や希硫酸などと反応して水素を発生（生成する PbCl₂ や PbSO₄ は水に不溶）			硝酸・熱濃硫酸と反応	王水に溶ける

補足 Al, Fe, Ni はち密な酸化物の被膜をつくるため（不動態），濃硝酸とは反応しにくい。

Let's Read ! 30-1

例題 30-1

金属に関する記述として**誤りを含むもの**を，次の ① ～ ④ のうちから一つ選べ。

① 銅は希塩酸に溶解しない。
② 硝酸銀水溶液に鉛を入れると，銀が析出する。
③ アルミニウムは濃硝酸に溶解する。
④ 硫酸亜鉛水溶液に鉄を入れても，変化は起こらない。

解き方を学ぼう！

CHART 30-1 より，イオン化傾向の**大きい**金属（イオン化列の左側にある金属）ほど，電子を失って，**陽イオン**になりやすい。

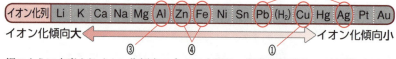

① 銅のように水素よりイオン化傾向の**小さい**金属は，塩酸や希硫酸には溶解しない。
② イオン化傾向は Pb > Ag より，イオン化傾向の小さい Ag が析出する。
$$Pb + 2Ag^+ \longrightarrow Pb^{2+} + 2Ag$$
③ Al はち密な酸化物の被膜をつくるため（不動態），濃硝酸には溶解しない。
④ イオン化傾向は Zn > Fe より，Fe は Zn よりも陽イオンになりにくく，水溶液中の Zn^{2+} に e^- を与えることができないため，変化は起こらない。

解答 ③

156 第5章 酸化還元反応

CHART 30-2 電池のしくみ

- 2種類の金属を電解質水溶液に浸し，導線で結ぶと電池ができる。
  - イオン化傾向の**大きい**金属
    - …**負極**(電子が流れ出す電極)
  - イオン化傾向の**小さい**金属
    - …**正極**(電子が流れこむ電極)
- 充電による再利用ができない電池を一次電池といい，充電によって繰り返し使うことのできる電池を二次電池または蓄電池という。

CHART 発展 電池の例(ダニエル電池)

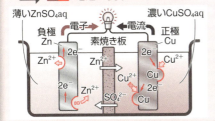

〈構造〉
⊖ Zn｜ZnSO₄aq｜CuSO₄aq｜Cu ⊕

イオン化傾向の**大きい** Zn が負極，イオン化傾向の**小さい** Cu が正極となる。

負極 $Zn \longrightarrow Zn^{2+} + 2e^-$ （溶け出す）
正極 $Cu^{2+} + 2e^- \longrightarrow Cu$ （析出する）

電流は正極から負極に流れると定義するので，電流の向きは電子の流れの向きと逆向きになるぞ！

Let's Read! 30-2

例題 30-2　　　　　　　　　　　　　　　　　　　　〔センター試験〕

図のように，金属**ア**の板を浸した**ア**の硫酸塩水溶液(1mol/L)と，金属**イ**の板を浸した**イ**の硫酸塩水溶液(1mol/L)を，仕切り板**ウ**で仕切って電池をつくったところ，金属**ア**の板が負極に，金属**イ**の板が正極となった。**ア**〜**ウ**の組合せとして正しいものを，次の ① 〜 ⑥ のうちから一つ選べ。

	ア	イ	ウ
①	Zn	Cu	素焼き板
②	Zn	Cu	白金板
③	Zn	Cu	アルミニウム板
④	Cu	Zn	素焼き板
⑤	Cu	Zn	白金板
⑥	Cu	Zn	アルミニウム板

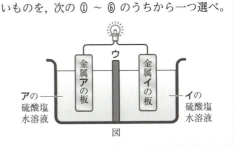

30 日目　金属の酸化還元反応

解き方を学ぼう！

CHART 30-2 より，イオン化傾向の**大きい**金属が負極，イオン化傾向の**小さい**金属が正極となる。イオン化傾向は **Zn > Cu** より，負極(**ア**)：**Zn**，正極(**イ**)：**Cu** と決まる。また，電池が成りたつには，電解液中をイオンが移動し，小さなイオンが仕切り板**ウ**を通過しなければならない。よって，**ウ**は素焼き板となる。

解答 ①

Let's Try！　CHARTを使って実際に解いてみよう！

問題 30-1

［センター試験 改］ 2分

次の記述 **a ～ c** は，金属 Al，Ag，Cu，Ni について行った実験の結果を述べたものである。記述 **a ～ c** 中の **A ～ D** に当てはまる金属の組合せとして最も適当なものを，右の ① ～ ⑧ のうちから一つ選べ。

a 希硫酸を加えたとき，**C** と **D** は溶けたが，**A** と **B** は溶けなかった。

b 高温の水蒸気と反応させたところ，**D** は溶けたが，**A** と **B** と **C** は溶けなかった。

c **B** の硝酸塩水溶液に **A** の金属片を入れると，**B** が析出した。

	A	B	C	D
①	Ni	Al	Ag	Cu
②	Ni	Al	Cu	Ag
③	Al	Ni	Ag	Cu
④	Al	Ni	Cu	Ag
⑤	Ag	Cu	Ni	Al
⑥	Ag	Cu	Al	Ni
⑦	Cu	Ag	Ni	Al
⑧	Cu	Ag	Al	Ni

問題 30-2

［センター試験 改］ 2分

ある電解質の水溶液に，電極として2種類の金属を浸し，電池とする。この電池に関する次の記述(**A**，**B**)について，　**ア**　，　**イ**　に当てはまる語の組合せとして最も適当なものを，右の ① ～ ④ のうちから一つ選べ。

A イオン化傾向のより小さい金属が　**ア**　極となる。

B 放電させると　**イ**　極で還元反応が起こる。

	ア	イ
①	正	正
②	正	負
③	負	正
④	負	負

158　第5章　酸化還元反応

Let's Try の解説

問題 30 - 1

a ～ c を順に見てみよう。

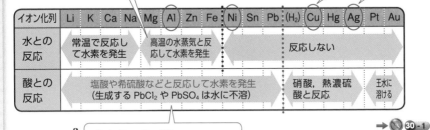

b **D**：Al とわかる。
よって，**C**：Ni も決まる。

c イオン化傾向の**小さい**金属イオンが，電子を受け取って析出する。
➡ **A**：Cu, **B**：Ag

a **C**と**D**：Al, Ni
Aと**B**：Cu, Ag とわかる。

問題 30 - 2

ア イオン化傾向の**小さい**金属 ➡ 陽イオンになりにくい ➡ 電子を受け取る
  ➡ 正極である。

イ 還元とは，ある物質が電子を受け取る反応である。
  電子を受け取る ➡ 正極である。
  負極では，酸化反応が起こる。

第5章 演習問題

1

[センター試験 改] **2分**

酸化還元反応に関する記述として**誤りを含むもの**を，次の ① 〜 ④ のうちから一つ選べ。

① 亜鉛板を塩酸に入れると水素が発生し，亜鉛は酸化される。

② 鉛蓄電池が放電するとき，正極で酸化反応が起こる。

③ 過酸化水素と硫化水素の反応では，過酸化水素は酸化剤としてはたらく。

④ 二酸化硫黄と過マンガン酸カリウムの反応では，二酸化硫黄は還元剤としてはたらく。

例題 **28** - **2** , **30** - **1** , **30** - **2**

2

[センター試験] **5分**

酸化還元反応に関する次の記述 **a** 〜 **c** の下線部について，正誤の組合せとして正しいものを，次の ① 〜 ⑧ のうちから一つ選べ。

a 二クロム酸カリウムの硫酸酸性水溶液に過酸化水素水を加えると，二クロム酸イオンが<u>酸化されてクロム(Ⅲ)イオンが生成</u>し，溶液は赤橙色から緑色に変わる。

b 亜鉛板を硫酸銅(Ⅱ)水溶液に入れると，銅(Ⅱ)イオンが<u>還元されて銅が析出</u>し，水溶液の青色が薄くなる。

c 塩素 Cl_2 を臭化カリウム水溶液に通すと，臭化物イオンが<u>還元されて臭素 Br_2 が遊離</u>し，溶液は赤褐色になる。

	a	b	c
①	正	正	正
②	正	正	誤
③	正	誤	正
④	正	誤	誤
⑤	誤	正	正
⑥	誤	正	誤
⑦	誤	誤	正
⑧	誤	誤	誤

例題 **28** - **1** , **30** - **1**

解説

1

① 亜鉛 Zn はイオン化傾向が**大きく**，塩酸に入れると水素が発生する。
  $Zn \longrightarrow Zn^{2+} + 2e^-$ より，電子を失うので Zn は酸化される。

② 鉛蓄電池に限らず，電池の正極は電子が流れこむ電極であるので，還元反応が起こる。

③ $H_2\underset{-1}{O}_2 + H_2\underset{-2}{S} \longrightarrow 2H_2O + S$ より，O の酸化数が減少するため，H_2O_2 は酸化剤としてはたらく。

④ 二酸化硫黄は酸化剤としても還元剤としてもはたらく物質であるが，過マンガン酸カリウムは**常に酸化剤としてはたらく**ため，二酸化硫黄は還元剤としてはたらく。

2

a 赤橙色　　　　　　　　　　緑色
  $\underset{+6}{Cr_2O_7^{2-}} + 14H^+ + 6e^- \longrightarrow 2\underset{+3}{Cr^{3+}} + 7H_2O$ より，
  Cr 原子の酸化数が減少している ➡ $Cr_2O_7^{2-}$ は還元された。
  酸性水溶液中の二クロム酸カリウム $K_2Cr_2O_7$ は，強い酸化剤としてはたらく。

b イオン化傾向は Zn > Cu より，イオン化傾向の小さい Cu が析出する。
  $\underset{+2}{Cu^{2+}} + 2e^- \longrightarrow \underset{0}{Cu}$ より，Cu 原子の酸化数が減少している ➡ Cu^{2+} は還元された。Cu^{2+}：青色，Zn^{2+}：無色であり，Cu^{2+} が少なくなり，青色は薄くなる。

c 　無色　　　　　赤褐色
  $Cl_2 + 2\underset{-1}{Br^-} \longrightarrow 2Cl^- + \underset{0}{Br_2}$ より，Br 原子の酸化数が増加している ➡ Br^- は酸化された。

17 族元素を**ハロゲン元素**とよび，単体の酸化力（相手を酸化する力）は原子番号が小さいほど大きい。
酸化力　$F_2 > Cl_2 > Br_2 > I_2$

3

[センター試験] **5分**

濃度未知の $SnCl_2$ の酸性水溶液 200 mL がある。これを 100 mL ずつに分け，それぞれについて Sn^{2+} を Sn^{4+} に酸化する実験を行った。一方の $SnCl_2$ 水溶液中のすべての Sn^{2+} を Sn^{4+} に酸化するのに，0.10 mol/L の $KMnO_4$ 水溶液が 30 mL 必要であった。もう一方の $SnCl_2$ 水溶液中のすべての Sn^{2+} を Sn^{4+} に酸化するとき，必要な 0.10 mol/L の $K_2Cr_2O_7$ 水溶液の体積は何 mL か。最も適当な数値を，下の ① ～ ⑤ のうちから一つ選べ。ただし，MnO_4^- と $Cr_2O_7^{2-}$ は酸性水溶液中でそれぞれ次のように酸化剤としてはたらく。

$$MnO_4^- + 8H^+ + 5e^- \longrightarrow Mn^{2+} + 4H_2O$$
$$Cr_2O_7^{2-} + 14H^+ + 6e^- \longrightarrow 2Cr^{3+} + 7H_2O$$

① 5 ② 18 ③ 25 ④ 36 ⑤ 50

例題 **28** - **2** , **29** - **2**

4

3分

電池に関する記述として**誤りを含むもの**を，次の ① ～ ④ のうちから一つ選べ。

① 2種類の金属を両極とした電池では，イオン化傾向が大きいほうの電極が正極になる。

② 2種類の金属を組み合わせて電池をつくるとき，正極と負極の間に生じる電圧を，起電力という。

③ 電池を放電させた場合，正極では還元反応が起こり，負極では酸化反応が起こる。

④ 充電によって繰り返し使うことができる電池を二次電池という。

例題 **28** - **1** , **30** - **1** , **30** - **2**

162　第5章　酸化還元反応

解　説

3

$MnO_4^- + 8H^+ + 5e^- \longrightarrow Mn^{2+} + 4H_2O$ 　　…(1)
$Cr_2O_7^{2-} + 14H^+ + 6e^- \longrightarrow 2Cr^{3+} + 7H_2O$ 　　…(2)
$Sn^{2+} \longrightarrow Sn^{4+} + 2e^-$ 　　…(3)

Sn^{2+} は電子を与えているので，還元剤としてはたらく。

(1)，(3)の式において，**酸化剤(MnO_4^-)が奪う電子 e^- の物質量
＝還元剤(Sn^{2+})が与える電子 e^- の物質量** となればよいので，$SnCl_2$ の酸性水溶液の濃度を x [mol/L]とすると，

$$\underbrace{0.10\,\mathrm{mol/L} \times \frac{30}{1000}\mathrm{L} \times 5}_{MnO_4^- が奪う\,e^-の物質量} = \underbrace{x\,[\mathrm{mol/L}] \times \frac{100}{1000}\mathrm{L} \times 2}_{Sn^{2+}が与える\,e^-の物質量}$$

$x = \dfrac{3}{40}$ mol/L

(2)，(3)の式において，**酸化剤($Cr_2O_7^{2-}$)が奪う電子 e^- の物質量
＝還元剤(Sn^{2+})が与える電子 e^- の物質量** となればよいので，必要な $K_2Cr_2O_7$ 水溶液の体積を y [mL]とすると，

$$\underbrace{0.10\,\mathrm{mol/L} \times \frac{y}{1000}[\mathrm{L}] \times 6}_{Cr_2O_7^{2-}が奪う\,e^-の物質量} = \underbrace{\frac{3}{40}\,\mathrm{mol/L} \times \frac{100}{1000}\mathrm{L} \times 2}_{Sn^{2+}が与える\,e^-の物質量}$$

$y = 25$ mL

4

① イオン化傾向の**大きい**金属の電極は電子を失って**陽イオン**になりやすい
　→電子が流れ出す電極は**負極**である。

② で確認しよう。
　電池は外部の回路において，電子が負極から流れ出て，正極に流れこむ。
　イオン化傾向の差が**大きい**ほど起電力は大きくなる。

③ 正極では，溶液中のイオンまたは電極物質自身が電子を受け取るので，**還元反応**である。負極では，金属が電子を失って陽イオンになるので，**酸化反応**である。

④ **蓄電池**ともよばれる。実用電池では，鉛蓄電池などがある。

第5章

演習問題　163

第6章 共通テスト対策－実践問題

31日目 化学と人間生活

身のまわりの化学について理解を深めながら，これまでに学習したことも復習していこう。

CHART 31-1

1 金属と化学

●金属の製錬

酸化物や硫化物などの鉱物から，金属の単体を取り出すことを金属の製錬という。

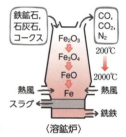
〈溶鉱炉〉

●鉄 Fe　鉄の製錬

スラグ（ケイ酸カルシウム）

●アルミニウム Al　原料となるボーキサイトを精製して得られるアルミナを，氷晶石とともに高温で融解し，電気分解する（発展 溶融塩電解）。

●銅 Cu　黄銅鉱（主成分 $CuFeS_2$）の製錬 ➡ 粗銅を陽極，純銅を陰極，硫酸酸性の硫酸銅（Ⅱ）水溶液を電解液にして電気分解する（電解精錬）。

●金属の性質と利用

金属	性質	利用
鉄 Fe	・灰白色の光沢をもつ金属。 ・湿った空気中に放置すると，赤さびを生じる。	・鉄道のレールや建築物の鉄筋，ステンレス鋼などの合金に用いられる。
アルミニウム Al	・銀白色の軽い金属。 ・空気中に放置すると，表面にち密な酸化被膜を形成する。また，このような酸化被膜を人工的につくったものをアルマイトという。	・ジュラルミンなどの合金は航空機の機体に用いられる。
銅 Cu	・赤色の光沢をもつ金属。 ・湿った空気中に放置すると，緑青といわれる緑色のさびを生じる。	・電線や調理器具などに使われる。 ・亜鉛との合金である黄銅やスズとの合金である青銅などの材料にもなる。
銀 Ag	・銀白色の金属。 ・電気伝導性・熱伝導性が最大である。	・フィルム写真の材料（感光剤）・食器・装飾品などに用いられる。
金 Au	・黄金色の美しい光沢をもつ金属。 ・展性・延性が最大である。	・装飾品や集積回路の配線などに用いられる。

●合金

2種類以上の金属を融解して混合，凝固させたものを合金という。

　例　ステンレス鋼，ジュラルミン，形状記憶合金

2 洗剤と化学
●**洗剤を構成している分子の構造**

●**洗浄のしくみ**

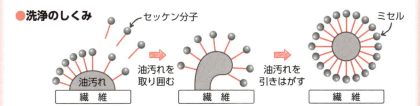

3 重合体(ポリマー)の化学
●**ポリエチレンテレフタラート**(略称：**PET**)
ペットボトルなどに利用。

●**ポリエチレン**
エチレンを付加重合して得られる。
食品の包装やごみ袋などに利用されている合成樹脂(プラスチック)である。

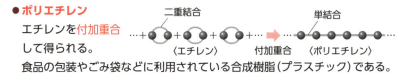

●**ナイロン**
ストッキングなどの衣料に利用されている合成繊維。

4 新素材と化学
●**セラミックス**
無機物を高温で処理したもの。 例 ガラス，セメント，陶磁器
特に，精製した原料や新組成の原料を精密な条件で焼き固めたものを**ファインセラミックス**という。

5 肥料と化学
●**肥料の三要素**
植物の成長に必要な成分元素のうち不足しがちな窒素N，リンP，カリウムKの三つの元素のこと。
●**肥料の種類**
　●天然肥料：自然界に存在する肥料のこと。堆肥など。
　●化学肥料：化学合成により得られる肥料のこと。硫酸アンモニウムなど。水によって流出しやすいなどの欠点がある。

化学は身のまわりのさまざまなこととつながっているんだね！

Let's Read!

例題 ㉛-1　　　　　　　　　　　　　　　　　　　　　　　　　　　〔センター試験 改〕

　身のまわりの現象に関する記述として**誤りを含むもの**を，次の ① ～ ⑦ のうちから一つ選べ。

① お湯を沸かしたときに白く見える湯気は，水蒸気が凝縮してできた水滴である。
② 銅は自然界に単体として存在することが多い。
③ 水の凍結によって水道管が破損することがあるのは，水は凝固すると体積が増加するためである。
④ ガスコンロでは，燃料が酸化されるときに発生する熱を利用している。
⑤ 皮膚をアルコールで消毒するとき，アルコールがその蒸発に伴って体から熱を奪うので，冷たく感じる。
⑥ セッケンは，疎水性部分と親水性部分をもち，油分を水中に分散させるので洗浄に利用される。
⑦ 古くからある銅製の屋根に緑色のさびができていたが，これを緑青という。

解き方を学ぼう！

① 凝縮は，気体 ⇒ 液体の状態変化のことである。　　　　　　　　　➡ ㉛-1
② **CHART ㉛-1** ❶にあるように，銅は硫化物として産出し，銅鉱石としては黄銅鉱(主成分 CuFeS₂)が代表的である。**単体ではほとんど産出しない。**
③ 一般的に，固体と液体では，固体のほうが密度が大きい。しかし，水の場合，固体(氷)と液体(水)とでは，固体のほうが密度が小さく，体積は大きい。
④ ガスコンロでは，燃料であるガスと空気を混合したものを燃焼させている。
⑤ 体が冷たく感じるということは，外部に体の表面から熱が吸収されているということである。
⑥ **CHART ㉛-1** ❷の図に示したように，セッケンは，疎水性部分と親水性部分をあわせもつことで，球状の粒子(ミセル)を形成し，洗浄作用をもっている。

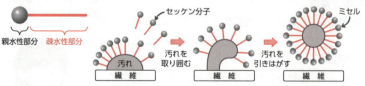

⑦ **CHART ㉛-1** ❶にあるように，銅を湿った空気中に長期間置くと，緑青(ろくしょう)とよばれる緑色のさびを生じる。

解答　②

Let's Read !

例題 ③1 - 2

［センター試験 改］

日常生活における化学物質の利用に関する記述として**誤りを含むもの**を，次の ① ～ ⑦ のうちから一つ選べ。

① エチレンを重合させて得られる高分子は，容器や袋などに用いられる。

② 鋼は硬くてもろいので，銑鉄に変えて用いられる。

③ ケイ素は半導体として，集積回路や太陽電池に用いられる。

④ ナイロンはストッキングなど衣料に用いられる。

⑤ 炭酸水素ナトリウムは，ベーキングパウダー(ふくらし粉)に用いられる。

⑥ 合金の一種であるジュラルミンは，航空機の機体などに用いられる。

⑦ 銀は熱や電気を非常によく導き，フィルム写真の材料などに用いられる。

解き方を学ぼう !

① **CHART ③1 - 1** ③ にあるように，エチレンを重合すると，合成樹脂の一つであるポリエチレンが得られる。

② 硬くてもろいのは銑鉄である。**CHART ③1 - 1** ① より，転炉中で，得られた銑鉄に酸素を吹きこみ，炭素量を減らした鉄を鋼という。

③ ケイ素は金属と非金属の中間的な電気伝導性を示し，半導体の原料となる。

④ **CHART ③1 - 1** ③ にあるように，ナイロンは合成繊維の代表例である。

⑤ ケーキを作る際に入れるベーキングパウダーの主成分である重曹は炭酸水素ナトリウムのことである。炭酸水素ナトリウムは加熱すると，

$$2\,NaHCO_3 \longrightarrow Na_2CO_3 + H_2O + CO_2$$

の反応により，炭酸ナトリウムと水と二酸化炭素に分解する。このとき生じる二酸化炭素により生地をふくらますことができる。

⑥ **CHART ③1 - 1** ① にあるように，アルミニウムを主成分に含む合金の一種であるジュラルミンは，軽量であり高強度であることから，航空機やアタッシュケースなどに用いられている。

⑦ **CHART ③1 - 1** ① にあるように，銀の熱伝導性と電気伝導性は，すべての金属の中で最大である。また，銀の化合物の中には感光性(＝光の照射によって分解する性質)をもつものがあり，フィルム写真の材料として用いられる。

解答 ②

31 日目 化学と人間生活

32日目 グラフの読み取り

1

次の文章を読み，下の問い (**a**・**b**) に答えよ。

炭素の同位体である質量数 14 の炭素原子 ^{14}C は，地球上にわずかに存在している。^{14}C は宇宙からの放射線（宇宙線）の作用によりたえず生成し，^{14}C が大気中の二酸化炭素 CO_2 に含まれる割合は，年代によらず一定である。光合成により CO_2 を取りこむ植物と，植物から食物連鎖でつながる動物の体内には，大気中と同じ割合で ^{14}C が含まれている。これらが死んで，炭素の交換が行われなくなると，生物のからだに残っている ^{14}C は，放射線を放出しながら一定の割合で減少していく。生物のからだに残っている ^{14}C の割合を調べると，その生物が生きていた年代を推定できる。図は，経過時間に対する ^{14}C の割合の変化を示したグラフである。

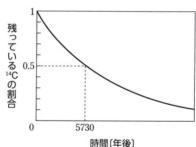

a 発掘された生物がおよそ 11460 年前のものである場合，残っている ^{14}C の割合は現在の生物のおよそ何％になっていると考えられるか。最も適当なものを，次の ① 〜 ⑨ のうちから一つ選べ。

① 10％ ② 12.5％ ③ 20％ ④ 25％ ⑤ 33％
⑥ 50％ ⑦ 75％ ⑧ 80％ ⑨ 90％

b 発掘された植物に残っている ^{14}C の割合が，現在の植物の割合の 12.5％ であるとき，この植物が死んだのはおよそ何年前と考えられるか。最も適当なものを，次の ① 〜 ⑤ のうちから一つ選べ。

① 5.7×10^3 年前 ② 1.1×10^4 年前
③ 1.7×10^4 年前 ④ 2.3×10^4 年前 ⑤ 4.6×10^4 年前

解説

1

a 図より、^{14}C の割合が現在の生物の割合の 50% になるのに要する時間(**半減期**という)は 5730 年であることがわかる。さらにその半分の 25% になるのに要する時間は、5730 年 × 2 = 11460 年である。したがって、発掘された生物がおよそ 11460 年前のものである場合、残っている ^{14}C の割合は、現在の生物の割合のおよそ 25% になっていると考えられる。

b ^{14}C の割合が現在の植物の割合の 12.5% となるのは、

$$\frac{12.5}{100} = \frac{1}{8} = \left(\frac{1}{2}\right)^3$$

より、半減期の 3 倍の時間が経過した後になる。よって、この植物が死んだのは、$5730 \times 3 = 17190 ≒ 1.7 \times 10^4$(年前)と考えられる。

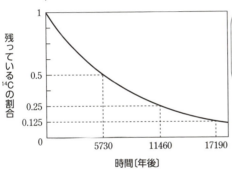

放射性同位体が放射性崩壊して、もとの半分の量になるのに要する時間を、「半減期」というんだね。

年代測定では、測定に使う原子の半減期が短すぎると、残っている量が比較的早く少なくなり、原子の検出ができなくなる。また、半減期が長すぎると、測定値の誤差が大きくなる。^{14}C が年代測定に適しているのは、半減期が測定に適した長さであることに加えて、生物を構成する主要成分の一つであり、たえず大気との間で交換される原子であるからである。

半減期の例

$^{14}_{6}C$	5730 年
$^{131}_{53}I$	8 日
$^{137}_{55}Cs$	30 年
$^{226}_{88}Ra$	1600 年
$^{238}_{92}U$	45 億年
$^{239}_{94}Pu$	2.4 万年

$^{14}_{6}C$ は不安定で、β 崩壊によって、窒素に変わるんじゃ。原子核中の中性子が陽子に変化するときに電子の流れである β 線を出して、原子番号が 1 大きい $^{14}_{7}N$ になるんじゃよ。

1 解答 **a** ④ **b** ③

32 日目 グラフの読み取り

2

[センター試験 改] 4分

気体に関する次の文章を読み，下の問い(**a**・**b**)に答えよ。

気体分子は熱運動によって空間を飛びまわっている。図は，異なる温度 T_1，T_2 における気体分子の速さの分布を表している。ここで，T_1 と T_2 の関係は，T_1 ア T_2 である。

変形しない密閉容器中では，単位時間に気体分子が器壁に衝突する回数は，分子の速さが大きいほど イ なる。これは，温度を T_1 から T_2 へ変化させたときに，容器内の圧力が ウ なる現象と関連している。

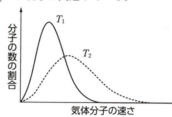

a 文章中の空欄 ア ～ ウ に当てはまる記号と語の組合せとして正しいものを，右の ① ～ ⑧ のうちから一つ選べ。

	ア	イ	ウ
①	>	多く	小さく
②	>	多く	大きく
③	>	少なく	小さく
④	>	少なく	大きく
⑤	<	多く	小さく
⑥	<	多く	大きく
⑦	<	少なく	小さく
⑧	<	少なく	大きく

b 気体分子の熱運動に関する記述として正しいものを，次の ① ～ ⑤ のうちから二つ選べ。
① 温度が高いほど，気体分子の速さの平均は大きくなる。
② 温度が高いほど，気体分子の速さは一様に大きくなる。
③ ある一定の温度では，気体分子の速さもある一定の大きさになる。
④ 分子量の異なる分子からなる気体がしだいに混じりあうのは，気体分子が熱運動をしているからである。
⑤ 気体分子の速さは，温度が一定であっても，時間の経過とともにしだいに小さくなる。

解説

2

a　ア **熱運動**をしている気体分子は，温度によってその様子が変わる。温度が上昇すると，分子の熱運動は激しくなり，分子の速さの平均は大きくなる。しかし，すべての気体分子の速さが同じなのではなく，一つ一つの分子の速さは異なり，速さが小さいままの分子も含まれる。

図の T_1 と T_2 では，T_2 のほうが T_1 よりも速さが大きい気体分子の数の割合が大きいので，T_1 と T_2 の関係は，$T_1 < T_2$ と表される。

イ 気体分子の速さが大きくなると，気体分子が容器の器壁に衝突して往復するのにかかる時間が短くなるので，気体分子の速さが大きくなるほど衝突回数は多くなる。

ウ 気体の圧力は，気体分子が器壁に衝突することによって生じるので，温度を T_1 から T_2 へ変化させると圧力は大きくなる。

b ① 右の図の破線は，それぞれの温度における気体分子の速さの平均を表している。温度が高くなると，気体分子の速さの平均は大きくなる。

② 気体分子の速さが一様に大きくなるとは，右の図のようになるということである。しかし，実際には，上の図のように，温度が高くなると気体分子の速さは全体的に大きいほうに移るが，速さが小さい気体分子も残る。

③ 温度が一定でも，それぞれの気体分子の速さはさまざまである。

④ 分子量によらず，それぞれの気体分子は熱運動により混じりあい，均一となる。

⑤ 気体分子は衝突を繰り返し，速さはたえず変化しているが，気体分子がもつエネルギーの平均は温度によって決まっている。したがって，時間が経過したとき，それぞれの気体分子の速さは変化するが，速さが小さくなるとはかぎらず，温度が一定であるときは，気体分子の速さの平均は小さくならない。

物質が自然にゆっくりと全体に広がる現象を「拡散」といったね。

2　**解答** a ⑥　b ①，④

3

[センター試験] 3分

0.24 g のマグネシウムに 1.0 mol/L の塩酸を少量ずつ加え，発生した水素を捕集して，その体積を標準状態で測定した。このとき加えた塩酸の体積と発生した水素の体積との関係を表す図として最も適当なものを，次の ① ～ ④ のうちから一つ選べ。
Mg = 24

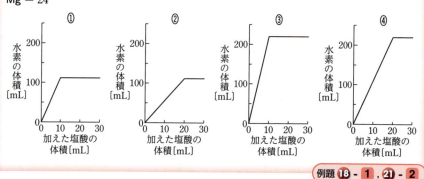

例題 18 - 1 , 21 - 2

4

[センター試験] 3分

水溶液 A 150 mL をビーカーに入れ，水溶液 B をビュレットから滴下しながら pH の変化を記録したところ，図の曲線が得られた。水溶液 A および B として最も適当なものを，次の ① ～ ⑨ のうちから一つずつ選べ。

① 0.10 mol/L 塩酸
② 0.010 mol/L 塩酸
③ 0.0010 mol/L 塩酸
④ 0.10 mol/L 酢酸水溶液
⑤ 0.010 mol/L 酢酸水溶液
⑥ 0.0010 mol/L 酢酸水溶液
⑦ 0.10 mol/L 水酸化ナトリウム水溶液
⑧ 0.010 mol/L 水酸化ナトリウム水溶液
⑨ 0.0010 mol/L 水酸化ナトリウム水溶液

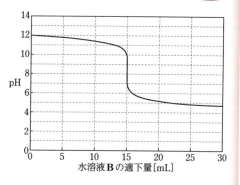

例題 25 - 1 , 26 - 1 , 26 - 2

解説

3

マグネシウムと塩酸の反応を化学反応式で表すと，次のようになる。

$$Mg + 2HCl \longrightarrow MgCl_2 + H_2$$

反応するマグネシウム Mg（式量 24）0.24 g の物質量は，

$$\frac{0.24\,g}{24\,g/mol} = 0.010\,mol$$

化学反応式より，0.010 mol のマグネシウムが反応すると，0.010 mol の水素が生じる。標準状態における 0.010 mol の水素の体積は，

$$22.4\,L/mol \times 0.010\,mol = 0.224\,L = 224\,mL$$

また，化学反応式より，0.010 mol のマグネシウムは，0.020 mol の塩化水素と反応する。塩酸の濃度は 1.0 mol/L であるから，塩化水素 0.020 mol を含む塩酸の体積を x [mL] とすると，物質量について，

$$1.0\,mol/L \times \frac{x}{1000}\,[L] = 0.020\,mol \quad x = 20\,mL$$

したがって，塩酸を 20 mL 加えたとき，水素が 224 mL 発生したグラフ ④ を選べばよい。

> グラフの問題では，その折れ曲がりの点に注目するんだったね。

4

図より，中和点が塩基性寄りで，その前後で pH が大きく変化しているから，この中和滴定が，弱酸（酢酸）と強塩基（水酸化ナトリウム）の組合せであることがわかる。
水溶液 B を滴下する前の水溶液 A は，pH = 12 であるから，$[H^+] = 1 \times 10^{-12}\,mol/L$ であり，$[H^+]$と$[OH^-]$の関係より，$[OH^-] = 1 \times 10^{-2}\,mol/L$ となる。したがって，水溶液 A は，0.010 mol/L 水酸化ナトリウム水溶液であることがわかる。

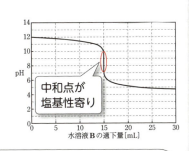
中和点が塩基性寄り

> 中和反応の量的関係を思い出そう。
> 酸から生じる H^+ の物質量＝
> 　塩基から生じる OH^- の物質量

水溶液 B の濃度を x [mol/L] とすると，中和反応の量的関係より，次の式が成り立つ。

$$1 \times x\,[mol/L] \times \frac{15}{1000}\,L = 1 \times 0.010\,mol/L \times \frac{150}{1000}\,L \quad x = 0.10\,mol/L$$

したがって，水溶液 B は，0.10 mol/L 酢酸水溶液であることがわかる。

3 解答 ④　　4 解答 水溶液 A：⑧　水溶液 B：④　　32 日目　グラフの読み取り

第6章　共通テスト対策－実践問題

33日目 資料の読み取り

1

5分

次の表は，原子番号10から18の原子の電子配置を表している。これについて，下の問い(**a** 〜 **d**)に答えよ。

	K　殻	L　殻	M　殻
ア	2	8	
イ	2	8	1
ウ	2	8	2
エ	2	8	3
オ	2	8	4
カ	2	8	5
キ	2	8	6
ク	2	8	7
ケ	2	8	8

a 表の**エ**の電子配置となる原子の元素記号を，次の ① 〜 ⑧ のうちから一つ選べ。

① B　② C　③ Ne　④ Mg　⑤ Al　⑥ Si　⑦ Cl　⑧ Ar

b 表の**イ**と**ク**の原子が1：1の数の割合で結びつくとき，生じた化合物の**イ**はイオンとして存在している。このイオンの電子配置は，表のどの原子と同じであるか。次の ① 〜 ⑨ のうちから一つ選べ。

① **ア**　② **イ**　③ **ウ**　④ **エ**　⑤ **オ**　⑥ **カ**　⑦ **キ**　⑧ **ク**
⑨ **ケ**

c 表の**ア**〜**ケ**の単体が金属の性質を示すものは何種類あるか。次の ① 〜 ⑥ のうちから一つ選べ。

① 1種類　② 2種類　③ 3種類　④ 4種類　⑤ 5種類　⑥ 6種類

d 表の**ア**〜**ケ**の原子のうち，イオン化エネルギーが最大であるものはどれか。次の ① 〜 ⑨ のうちから一つ選べ。

① **ア**　② **イ**　③ **ウ**　④ **エ**　⑤ **オ**　⑥ **カ**　⑦ **キ**　⑧ **ク**
⑨ **ケ**

例題 **5** - **2** , **6** - **1** , **7** - **1** , **9** - **2**

解説

表の原子の電子配置より，それぞれの元素は，**ア**：ネオン，**イ**：ナトリウム，**ウ**：マグネシウム，**エ**：アルミニウム，**オ**：ケイ素，**カ**：リン，**キ**：硫黄，**ク**：塩素，**ケ**：アルゴンであることがわかる。

a 表の**エ**は，原子番号が 13 のアルミニウム Al である。

b 表の**イ**はナトリウム Na，**ク**は塩素 Cl なので，Na と Cl の原子が 1：1 の数の割合で結びつくと，塩化ナトリウムができる。このとき，Na 原子は M 殻の電子を放出して，**ア**のネオンと同じ電子配置であるナトリウムイオン Na$^+$ となっている。

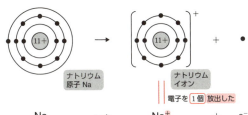

c 原子番号が 1 ～ 20 の元素のうち，金属元素は右図の通りである。よって，表のうち，金属元素であるのは，**イ**のナトリウム，**ウ**のマグネシウム，**エ**のアルミニウムの 3 種類である。

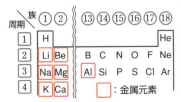

d イオン化エネルギーは最も外側の電子殻から 1 個の電子を取り去って 1 価の陽イオンにするのに必要なエネルギーである。周期表の右に進むほど大きく，下に進むほど小さいので，選択肢のうち，イオン化エネルギーが最大であるものは，**ア**のネオンである。

〈イオン化エネルギーと周期表〉

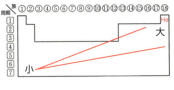
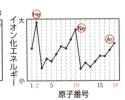

イオン化エネルギーを同じ周期の元素で比べると，貴ガスが最大になるね。

1 解答 a ⑤ **b** ① **c** ③ **d** ①

2

[センター試験] 4分

周期表の1～18族・第1～第5周期までの概略を図1に示した。これについて、下の問い(a・b)に答えよ。

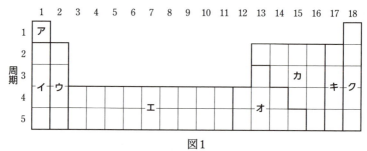

図1

a 図中の太枠で囲んだ領域ア～クに関する記述として**誤りを含むもの**を，次の① ～ ⑦ のうちから一つ選べ。

① **ア**と**イ**は，すべて金属元素である。
② **イ**は，すべてアルカリ金属元素である。
③ **ウ**と**エ**は，すべて金属元素である。
④ **エ**は，すべて遷移元素である。
⑤ **エ**と**オ**は，すべて金属元素である。
⑥ **カ**と**キ**と**ク**は，すべて典型元素である。
⑦ **キ**と**ク**は，すべて非金属元素である。

b 図2は，イオン化エネルギーの周期的変化を示したものである。図2の**A**～**C**と，図1の太枠で囲んだ領域ア～クに関する記述として正しいものを，次の① ～ ⑤ のうちから一つ選べ。

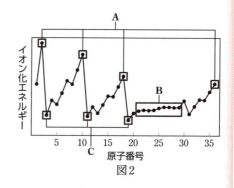

図2

① **A**は，**イ**の領域に含まれる元素である。
② **A**は，**キ**の領域に含まれる元素である。
③ **B**は，**エ**の領域に含まれる元素である。
④ **B**は，**オ**と**カ**の領域に含まれる元素である。
⑤ **C**は，**ウ**の領域に含まれる元素である。

例題 7 - 1 , 9 - 2 , 10 - 1

176 第6章 共通テスト対策－実践問題

解説

2

a
① 図aより，**ア**の水素は非金属元素，**イ**のアルカリ金属元素は金属元素である。
② **イ**は，すべてアルカリ金属元素である。
③ 図aより，**ウ**の2族元素は金属元素，**エ**の遷移元素も金属元素である。
④ 図bより，**エ**は遷移元素である。
⑤ 図aより，**エ**は金属元素，**オ**も金属元素である。
⑥ 図bより，**カ**と**キ**と**ク**はすべて典型元素である。
⑦ 図aより，**キ**と**ク**はすべて非金属元素である。

→ 9-2, → 10-1

b
①,② Aは，同じ周期の元素の中で，最もイオン化エネルギーの値が大きい元素を指している。したがって，Aは貴ガス元素であり，図1の**ク**の領域に含まれる元素である。
③,④ Bは，周期表で横の行に並んだ元素どうしで，イオン化エネルギーが近い値の元素を指している。したがって，Bは遷移元素であり，図1の**エ**の領域に含まれる元素である。
⑤ Cは，同じ周期の元素の中で，最もイオン化エネルギーの値が小さい元素を指している。したがって，Cはアルカリ金属元素であり，図1の**イ**の領域に含まれる元素である。

→ 7-2

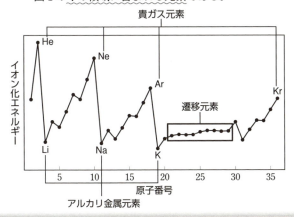

典型元素では，同族元素の性質が似ているんだったね。

2 【解答】 a ① b ③

33日目 資料の読み取り　177

3

次の文章を読み，下の問い(**a**・**b**)に答えよ。

図1は，沸点を測定するための装置で，ガスバーナーで水を加熱し，試料**A**が沸騰したときの温度を試料**A**の沸点として測定するものである。

図2は，融点を測定するための装置で，ガスバーナーで液体**B**を加熱し，試料**C**が融解したときの温度を試料**C**の融点として測定するものである。

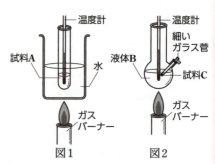

また，図3は，さまざまな物質の融点と沸点を示したものである。

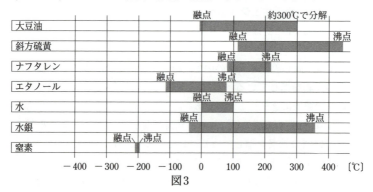

a 図1の装置で，沸点を測定できる物質として最も適当なものを，次の ① ～ ⑤ のうちから一つ選べ。

① 斜方硫黄　② ナフタレン　③ エタノール　④ 水銀　⑤ 窒素

b 図2で，液体**B**に大豆油を用いたときは融点を測定できたが，液体**B**に水を用いたときは測定ができなかった。試料**C**の物質として最も適当なものを，次の ① ～ ⑤ のうちから一つ選べ。

① 斜方硫黄　② ナフタレン　③ エタノール　④ 水銀　⑤ 窒素

解 説

a 図1は，沸点を測定するための装置で，外側の容器には水が入っているので，沸点を測定できるのは，沸点が0℃〜100℃の間にある物質である。選択肢のうち，その条件を満たす物質は，エタノール(沸点：78℃)である。

b 図2の装置で，液体Bに大豆油を用いたときに融点を測定できるのは，融点が約−7℃〜約300℃の間にある物質である。
選択肢のうち，その条件を満たす物質は，斜方硫黄(融点：113℃)とナフタレン(融点：81℃)である。
また，液体Bに水を用いたときに融点を測定できるのは，融点が0℃〜100℃の間にある物質である。
斜方硫黄とナフタレンでは，ナフタレンがその条件を満たす。したがって，液体Bに大豆油を用いたときは融点を測定できたが，液体Bに水を用いたときは測定ができなかった物質は，斜方硫黄である。

3 解答 a ③ b ①

第6章 共通テスト対策−実践問題

34日目 実験操作

1

[センター試験 改] 3分

右の図は，エタノールと水の混合物から，純度の高いエタノールを取り出すための装置を表そうとしたものである。これについて，次の問い(a～c)に答えよ。

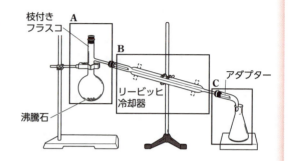

a Aの部分を正しく表しているものを，次の ① ～ ⑤ のうちから一つ選べ。

  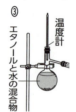  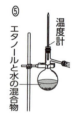

b Bの部分の水の通し方について正しく表しているものを，次の ① ～ ④ のうちから一つ選べ。

c Cの部分として**最も不適切なもの**を，次の ① ～ ④ のうちから一つ選べ。

解　説

a ①,②,③　蒸留装置では，枝付きフラスコ内の液量は，フラスコの2分の1以下にする。
　④,⑤　温度計の先の位置は，枝管の付け根付近にする。

b　リービッヒ冷却器の水は，冷却器の中が水で満たされるように下から上に流す。また，できるだけ水が多くたまるように，上側の冷却水の出口は，上向きにする。

c　アダプターと三角フラスコの間をゴム栓で密閉すると，装置内の圧力が高くなり，危険なので，密閉してはならない。

〈蒸留装置〉

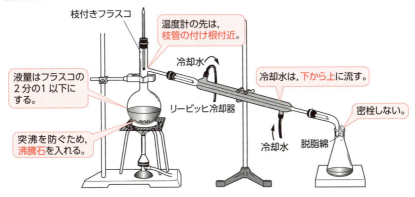

蒸留装置を組み立てる際には，吹き出しの内容に注意しようね。

1 解答 a ⑤　b ③　c ②

34日目　実験操作　181

2

[センター試験] **4分**

実験操作に関する次の問い($\mathbf{a} \sim \mathbf{c}$)に答えよ。

a ある濃度の水溶液 $\mathbf{A}$ 10.0 mL をはかり取り，純水で正確に 10 倍に希釈するときの操作に関する記述として最も適当なものを，次の ① 〜 ④ のうちから一つ選べ。

① ホールピペットで水溶液 $\mathbf{A}$ 10.0 mL をはかり取り，100 mL メスシリンダーに入れる。メスシリンダーの 100 mL の目盛りまで純水を加え，ガラス棒でよくかき混ぜる。

② こまごめピペットで水溶液 $\mathbf{A}$ 10.0 mL をはかり取り，100 mL メスシリンダーに入れる。メスシリンダーの 100 mL の目盛りまで純水を加え，ガラス棒でよくかき混ぜる。

③ ホールピペットで水溶液 $\mathbf{A}$ 10.0 mL をはかり取り，100 mL メスフラスコに入れる。メスフラスコの標線まで純水を加え，栓をしてよく振り混ぜる。

④ こまごめピペットで水溶液 $\mathbf{A}$ 10.0 mL をはかり取り，100 mL メスフラスコに入れる。メスフラスコの標線まで純水を加え，栓をしてよく振り混ぜる。

b ある水酸化ナトリウム水溶液の濃度を調べるため，希釈したシュウ酸水溶液を用いて中和滴定を行った。このときの実験操作に関する記述として**誤りを含むもの**を，次の ① 〜 ⑤ のうちから二つ選べ。

① メスフラスコに，シュウ酸水溶液と純水を入れて希釈した。

② コニカルビーカーは純水でぬれていたが，そのまま使用した。

③ ビュレットは純水でぬれていたが，そのまま使用した。

④ メスフラスコは純水でぬれていたので，ドライヤーで乾かしてから使用した。

⑤ ホールピペットは純水でぬれていたので，はかり取る水溶液で内部を 2 〜 3 回すいでから使用した。

c メスシリンダーとメスフラスコは，いずれも液体の体積を測定する器具である。容量が 100 mL のメスシリンダーとメスフラスコにおいて，目盛りや標線を読み取るときに生じる誤差は，100 mL に対しておよそ何 % であると考えられるか。最も適当なものを，次の ① 〜 ⑦ のうちからそれぞれ一つずつ選べ。ただし，目盛りや標線を読み取るときの誤差は約 0.2 mm，読み取る部分の液面の面積は，メスシリンダーが約 7.5 cm^2，メスフラスコが約 1 cm^2 であるものとする。

① 0.01 %　② 0.02 %　③ 0.03 %　④ 0.05 %　⑤ 0.1 %
⑥ 0.15 %　⑦ 0.2 %

例題 **26** - **1**

解　説

a こまごめピペットは，手軽に一定体積の液体をはかり取ることができる器具であるが，ホールピペットに比べて精度が低い。したがって，水溶液Aをはかり取るときは，<u>ホールピペット</u>を用いる。また，メスシリンダーも，手軽に液体の体積を測定することができる器具であるが，メスフラスコに比べて精度が低い。したがって，ホールピペットではかり取った水溶液は，<u>メスフラスコ</u>に入れる。　→ 26-1

b ① 濃度が正確なシュウ酸水溶液をつくるため，質量を正確にはかったシュウ酸二水和物の結晶を純水に溶かした後，それをメスフラスコに入れてから純水を標線まで加える。

② コニカルビーカーは，純水でぬれたまま使用しても，その後に入れる水溶液中の物質量は変化しない。したがって，純水でぬれたまま使用してもよい。

③ ビュレットは，純水でぬれているところへ水溶液を入れると，入れた水溶液の濃度が薄くなるので，滴下に必要な水溶液の量が多く測定されてしまう。したがって，ビュレットは，<u>使用する溶液で内部を2〜3回すすいでから使用する</u>。

④ メスフラスコなどの体積をはかる器具を加熱すると，ガラスが伸び縮みして正確な体積がはかれなくなる。したがって，メスフラスコは<u>常温で乾かす</u>。

⑤ ホールピペットは，純水でぬれているところへはかり取る溶液を入れると，はかり取った溶液の濃度が薄くなるので，溶液の体積を正確にはかったとしても，はかり取った溶液に含まれる溶質の物質量が少なくなってしまう。したがって，ホールピペットは，使用する溶液（はかり取る溶液）で内部を2〜3回すすいでから使用する。　→ 26-1

c 読み取りの誤差の高さと液面の面積から，誤差の割合を求めると，

メスシリンダー：$\dfrac{0.02\,\text{cm} \times 7.5\,\text{cm}^2}{100\,\text{cm}^3} \times 100 = 0.15\,(\%)$

メスフラスコ　：$\dfrac{0.02\,\text{cm} \times 1\,\text{cm}^2}{100\,\text{cm}^3} \times 100 = 0.02\,(\%)$

上の計算からもわかるように，メスシリンダーとメスフラスコでは，液面の面積が小さい<u>メスフラスコのほうが，生じる誤差が小さい</u>。

2　解答　a ③　b ③, ④　c メスシリンダー：⑥　メスフラスコ：②　　34日目　実験操作

3

次の文章を読み,下の問い(**a**・**b**)に答えよ。

　リカさんは,気体の分子量の関係を調べるために,水に溶けにくい気体 **X**,**Y**,**Z** の入ったボンベを用意した。ボンベから気体を水上置換でメスシリンダーに捕集し,メスシリンダーの内側と外側の水面の高さが同じになるようにして,それぞれ気体の体積をはかった。気体を取り出す前と取り出した後のボンベの質量変化を調べたところ,次の表のようになった。ただし,実験中に温度や大気圧の変化はなかったものとする。

	測定した気体の体積	質量変化
気体 **X**	56 mL	0.11 g
気体 **Y**	112 mL	0.29 g
気体 **Z**	224 mL	0.32 g

a 気体 **X**,**Y**,**Z** の分子量の関係として最も適当なものを,次の ① ～ ⑤ のうちから一つ選べ。

① **X**>**Y**>**Z**　② **X**>**Z**>**Y**　③ **Y**>**X**>**Z**　④ **Y**>**Z**>**X**　⑤ **Z**>**Y**>**X**

b リカさんは,水上置換で捕集する気体の一つに,亜鉛 Zn の単体と塩酸が反応して発生する水素 H_2 があることを学び,実際に水素を発生させる実験を行うことにした。先生に相談したところ,実験に使用する器具としてふたまた試験管を渡された。ふたまた試験管の使い方について説明した次の資料の文章中の空欄(ア ～ ウ)に当てはまる語の組合せとして正しいものを,右下の ① ～ ④ のうちから一つ選べ。

【資料】

　ふたまた試験管のへこみのある管 **P** に ア を,へこみのない管 **Q** に イ を入れ, ウ に試薬を移して反応させる。

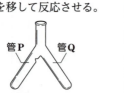

	ア	イ	ウ
①	粒状の亜鉛	塩酸	管 **P** から管 **Q**
②	粒状の亜鉛	塩酸	管 **Q** から管 **P**
③	塩酸	粒状の亜鉛	管 **P** から管 **Q**
④	塩酸	粒状の亜鉛	管 **Q** から管 **P**

解　説

3

a 標準状態の気体の密度とモル質量には次の関係がある。

$$気体の密度〔g/L〕 = \frac{モル質量〔g/mol〕}{22.4\,L/mol}$$

これより，気体の密度と分子量は比例関係にあることがわかる。
それぞれの気体の密度は次の通りである。

> 「22.4 L/mol」は，標準状態(0℃，1.013×10⁵ Pa)での，気体1 mol 当たりの体積（モル体積）のことだったね。

気体 X　$\dfrac{0.11\,g}{0.056\,L} ≒ 1.96\,g/L$

気体 Y　$\dfrac{0.29\,g}{0.112\,L} ≒ 2.59\,g/L$

気体 Z　$\dfrac{0.32\,g}{0.224\,L} ≒ 1.43\,g/L$

密度が大きいほど分子量も大きくなるから，気体 X，Y，Z の分子量の関係として正しいものは，**Y＞X＞Z** である。

b ふたまた試験管は，固体試薬と液体試薬から少量の気体を発生させるときに用いられる器具である。今回の実験では，へこみのある管 P に固体試薬である<u>粒状の亜鉛</u>ァを，へこみのない管 Q に液体試薬である<u>塩酸</u>ィを入れ，<u>管 Q から管 P</u>ゥへ少しずつ

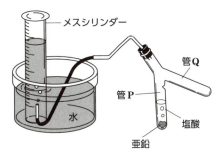

塩酸を移して反応させ，気体の水素を発生させる。必要な量の水素を発生させた後は，亜鉛を管 P のへこみで止めながら塩酸をへこみのない管 Q へもどすことで，亜鉛と塩酸を再び離れさせ，反応を止めることができる。

ふたまた試験管を用いて固体試薬と液体試薬を反応させるときには，固体試薬は塊状や粒状のものが適している。固体試薬として細かな粉末を使用すると，へこみを用いて液体と固体を離れさせることが困難となる。

3　解答　a ③　b ②

第6章　共通テスト対策－実践問題

35日目 読解問題

1

`4分`

次の文章を読み，下の問い（**a ～ c**）に答えよ。

Aさんは，雨上がりの朝，青紫色のアサガオの花が，雨にぬれたところだけピンク色になっていることに気づき，その理由を調べるため実験をした。

〔目標〕　アサガオの花の色が変化する原因を調べる。
〔準備〕　青紫色のアサガオの花，食酢，食塩水，砂糖水，スポイト
〔操作〕　アサガオの花弁に，準備した試薬をスポイトでたらし変化を観察する。
〔結果〕　**ア** をたらしたときだけ，花弁の色がうすいピンク色に変化した。

Aさんは，この実験について，先生やBさんと次のような会話をした。

Aさん：実験の結果から，アサガオの花には，**イ** と同じような作用があることがわかりました。今朝降った雨は，酸性雨だったのでしょうか。

Bさん：いや，酸性雨とはよばない雨も，もともと酸性だと聞いたことがあるよ。

先　生：よく知っていますね。純水に，ここにあるブロモチモールブルー（BTB）溶液をたらすと，**ウ** 色になりますね。でもしばらくすると，水面から **エ** 色に変わってきました。

Aさん：これは，大気中にある **オ** が純水に溶けたからでしょうか。

先　生：その通り。自然の中の水は大気と触れあって酸性になり，pH が 5.6 程度になります。でも，アサガオの花はこの程度では色は変わらないから，今朝降った雨は酸性雨だったようですね。

a　空欄 **ア** と **イ** に当てはまる語の組合せを，次の ① ～ ⑥ のうちから一つ選べ。

① **ア**：食酢，**イ**：漂白剤　　　② **ア**：食酢，**イ**：pH 指示薬

③ **ア**：食塩水，**イ**：漂白剤　　④ **ア**：食塩水，**イ**：pH 指示薬

⑤ **ア**：砂糖水，**イ**：漂白剤　　⑥ **ア**：砂糖水，**イ**：pH 指示薬

b　空欄 **ウ** と **エ** に当てはまる語の組合せを，次の ① ～ ⑥ のうちから一つ選べ。

① **ウ**：青，**エ**：黄　　② **ウ**：青，**エ**：緑　　③ **ウ**：緑，**エ**：青

④ **ウ**：緑，**エ**：黄　　⑤ **ウ**：黄，**エ**：青　　⑥ **ウ**：黄，**エ**：緑

c　空欄 **オ** に当てはまる気体に関する記述として**誤りを含むもの**を，次の ① ～ ⑤ のうちから二つ選べ。

① 昇華性がある。　　② 無色・無臭である。　　③ 空気より軽い。

④ 炭酸飲料に用いられる。　　⑤ 殺菌・消毒作用がある。

解説

a 会話文の中で，先生が「今朝降った雨は酸性雨だったようですね」と言っているので，実験では，アサガオの花弁に酸性の水溶液をたらしたときだけ，花弁の色が変化したと考えられる。準備した水溶液の中で，酸性であるのは食酢だけであるから，アサガオの花弁の色を変化させたのは食酢であると考えられる。また，酸性や塩基性の強さによって，色が変化する物質を pH 指示薬 という。

b BTB は，酸性で黄色，中性で緑色，塩基性で青色を示す pH 指示薬である。純水は中性であるから，BTB 溶液をたらした直後は，緑色になる。純水が大気と触れあっている部分では，大気中の二酸化炭素が溶けていくので，溶液は水面から酸性になり，黄色に変化していくと考えられる。

c ① 二酸化炭素の固体であるドライアイスには昇華性があり，常圧では液体にならない。　→ 15-2
② 二酸化炭素は，無色・無臭である。
③ 空気の見かけの分子量は 28.8，二酸化炭素の分子量は 44 であるから，二酸化炭素は，空気より重い。
④ 二酸化炭素の水溶液を炭酸水という。
⑤ 二酸化炭素には，殺菌・消毒作用はない。殺菌・消毒作用がある気体には，塩素がある。

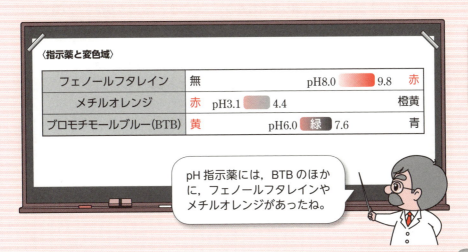

〈指示薬と変色域〉

フェノールフタレイン	無	pH8.0　　9.8	赤
ブロモチモールブルー(BTB)	黄	pH6.0　緑　7.6	青
メチルオレンジ	赤	pH3.1　　4.4	橙黄

pH 指示薬には，BTB のほかに，フェノールフタレインやメチルオレンジがあったね。

1 解答 a ②　b ④　c ③, ⑤

2   （4分）

次の文章を読み，下の問い(**a** ~ **c**)に答えよ。

　人類の歴史において，金属は文明的な生活を送るために必要なものであり，さまざまな道具や装飾品を作るために使われてきた。古代では，鉄は金や銀よりも価値の高い希少な金属として扱われてきた。これは，金や銀が(ア)単体として自然界から産出するのに対して，鉄の単体が自然界から直接得られないからと考えられる。

　紀元前17世紀頃，ほかの民族が青銅器しか製造できない時代に，(イ)木炭を利用して製鉄をする技術を獲得したヒッタイトが強大な力をもち，メソポタミアを征服して最初の鉄器文化を築いた。この方法による製鉄技術が普及した後も，鉄の製錬には大変な手間を伴うため，鉄は，産業革命(18世紀後半から19世紀)までは価値がとても高かった。

a　下線部**ア**について，金属の単体が自然界から直接得られるかどうかは，金属のイオン化傾向が関係している。自然界から単体が直接得られる金属として最も適当なものを，次の ① ~ ⑤ のうちから一つ選べ。

　① 亜鉛　② アルミニウム　③ 鉛　④ 白金　⑤ カルシウム

b　下線部**イ**について，鉱石などの金属の化合物から金属の単体を得るときに利用する化学反応として最も適当なものを，次の ① ~ ⑤ のうちから一つ選べ。

　① 中和　② 溶解　③ 昇華　④ 重合　⑤ 還元

c　金属に関する記述として**誤りを含むもの**を，次の ① ~ ⑤ のうちから一つ選べ。

　① アルミニウムは，表面にち密な酸化物の膜ができるので，さびが内部まで進行しにくい。

　② 溶鉱炉で得られる銑鉄は，炭素を約4％含んでおり，硬くてもろい。

　③ 金は，すべての金属の中で展性・延性が最大である。

　④ 銅を湿った空気中に長時間おくと，緑青とよばれる緑色のさびを生じる。

　⑤ 銀は，すべての金属の中で，電気伝導性が銅に次いで2番目に大きい。

例題 **31** - **1**

解説

2

a イオン化傾向の小さい金属(イオン化列の右側にある金属)ほど,電子を失って陽イオンになりにくく,自然界から直接得られやすい。イオン化傾向の小さい金や白金などは,産出量が少なく,高価なことから,貴金属とよばれる。選択肢の金属のうち,イオン化傾向が最も小さいのは,白金 Pt である。したがって,白金の単体は,自然界から直接得られやすい。

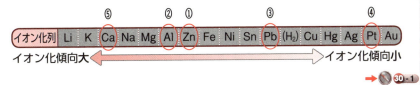

b 自然界に存在する金属の多くは,酸素や硫黄と結びついた化合物として存在している。これらの化合物から金属の単体を取り出すとき,化合物中の金属の原子は還元される。たとえば,Fe の化合物から単体を取り出すとき,次の化学反応式のように,Fe は酸化数が減少し,還元される。

$$Fe_2O_3 + 3CO \longrightarrow 2Fe + 3CO_2$$
$$\underline{+3} \longrightarrow \underline{0}$$

c ① アルミニウムを空気中に放置すると,表面にち密な酸化物の膜ができる。この膜は丈夫であるため,アルミニウム製品に人工的に酸化物の膜をつくることがあり,これを**アルマイト**という。

② 磁鉄鉱や赤鉄鉱などの鉄の酸化物を,溶鉱炉中でコークス C を用いて還元すると,炭素を約 4 % 含んだ**銑鉄**が得られる。銑鉄を転炉の中に入れて酸素を吹き込んで炭素を燃焼させて取り除くと,炭素を 2 ～ 0.02 % 含んだ**鋼**が得られる。

③ 金は,すべての金属の中で展性・延性が最大であり,装飾品や集積回路の配線などに利用されている。

④ 銅を湿った空気中に長時間おくと,水・酸素・二酸化炭素とゆっくり反応して,**緑青**とよばれる緑色のさびを生じる。

⑤ 銀は,すべての金属の中で,電気伝導性が最も大きい。

> 金属の電気伝導性と熱伝導性は,銀>銅>金の順に大きいよ。

2 解答 a ④ b ⑤ c ⑤

3

次に示したものは、ある菓子の箱に表示されていたものである。これについて、下の問い(**a**・**b**)に答えよ。

栄養成分表示 1枚(8g)当たり			
エネルギー	32 kcal	食塩相当量	0.009 g
たんぱく質	0.25 g	(ア)カルシウム	180 mg
脂質	1.25 g	鉄	0.8 mg
炭水化物	4.31 g		

 外箱 内包装

a 下線部**ア**は、カルシウムの単体を示しているのではなく、炭酸カルシウムなどの成分元素としてのカルシウムを示している。次の記述の下線部のうち、単体ではなく元素を指しているものはどれか。① ～ ⑤ のうちから二つ選べ。

① 空気の約8割は窒素である。
② 炭素を空気中で燃やすと、酸素と反応して二酸化炭素ができる。
③ オゾンは、酸素からできている。
④ 水は、水素と酸素からなる。
⑤ 水を電気分解すると、水素と酸素を生じる。

b 菓子の箱に表示されていたマークより、内袋にはプラスチックが使われていたことがわかる。プラスチックに関する記述として**誤りを含むもの**を、次の ① ～ ⑤ のうちから二つ選べ。

① 20世紀に入ってから、石炭や石油から人工的につくられたものである。
② さびにくい性質が、廃棄するときの利点になっている。
③ 原料の枯渇が心配されているため、さまざまな再利用の方法が考案されている。
④ ポリエチレンは、エチレンが縮合重合によって次々と結合してできたものである。
⑤ 使用後のペットボトルは、加熱融解して別の形にする方法でリサイクルが行われている。

解説

3

a ① 空気に含まれている「窒素」は，単体の N_2（気体）のことを指している。

② 炭素を空気中で燃やしたときの化学反応式は，次の通りである。

$$C + O_2 \longrightarrow CO_2$$

炭素と反応する「酸素」は，単体の O_2（気体）のことを指している。

③ オゾン分子 O_3 は，O 原子が3個結合したものである。したがって，この場合の「酸素」は，元素の O のことを指している。

④ 水分子 H_2O は，H 原子2個と，O 原子1個が結合したものである。したがって，この場合の「酸素」は，元素の O のことを指している。

⑤ 水を電気分解したときの化学反応式は，次の通りである。

$$2H_2O \longrightarrow 2H_2 + O_2$$

したがって，水の電気分解で生じる「酸素」は，単体の O_2（気体）のことを指している。

b ① プラスチックは，20世紀に入ってから，天然資源である石炭や石油から人工的に合成されたものである。

② プラスチックは，水や薬品に強くさびることがないため，分解されにくい物質である。このように分解されにくいという特徴が，廃棄するときには逆に，欠点となっている。

③ プラスチックの原料は，天然資源である石炭や石油である。これらの物質は，枯渇が心配されているため，プラスチックは，そのまま廃棄処分せずに，さまざまな方法で再利用されている。

④ ポリエチレンは，エチレンが二重結合を開いて別のエチレンと次々とつながる付加重合によって得られる合成高分子化合物である。

⑤ プラスチックは，次のような再利用の方法が考案されている。
(ア) そのままの形で洗って使う。
(イ) 加熱融解して別の形にする。
(ウ) 化学反応でもとの原料にもどす。
(エ) 燃料として用いる。

使用後のペットボトルは，おもに(イ)の方法によるリサイクルが行われており，回収されて細かく裁断された後，加熱融解され，繊維などとして再利用されている。

(イ)をマテリアルリサイクル，(ウ)をケミカルリサイクルというのじゃよ。

〔大学入試センター試験対策〕
初 版
第 1 刷　2014 年 6 月 1 日　発行

〔大学入学共通テスト対策〕
初 版
第 1 刷　2020 年 7 月 1 日　発行
第 2 刷　2021 年 6 月 1 日　発行
第 3 刷　2021 年 11 月 1 日　発行

◆ **表紙・本文デザイン**
　　デザイン・プラス・プロフ株式会社
　　株式会社　千里

◆ **編集協力**
　　株式会社アート工房
　　株式会社エディット

◆ **編集協力者**
　　石田純一
　　谷本幸子
　　徳山　直

※解答・解説は数研出版株式会社が作成したものです。

ISBN978-4-410-11942-2

チャート式 ® 問題集シリーズ

35日完成！　大学入学共通テスト対策 化学基礎

編　者　　数研出版編集部
発行者　　星野泰也
発行所　　**数研出版株式会社**

　　　　　〒 101-0052　東京都千代田区神田小川町 2 丁目 3 番地 3
　　　　　　　　　　　　　　〔振替〕00140-4-118431
　　　　　〒 604-0861　京都市中京区烏丸通竹屋町上る大倉町 205 番地
　　　　　〔電話〕代表 (075) 231-0161

ホームページ　https://www.chart.co.jp
印　刷　　株式会社 加藤文明社

乱丁本・落丁本はお取り替えいたします。　　　　　　　　　　　　　　211003
本書の一部または全部を許可なく複写・複製すること，および本書の解説書，解答書ならびにこれに類する
ものを無断で作成することを禁じます。

「チャート式」は，登録商標です。

35日完成までの道

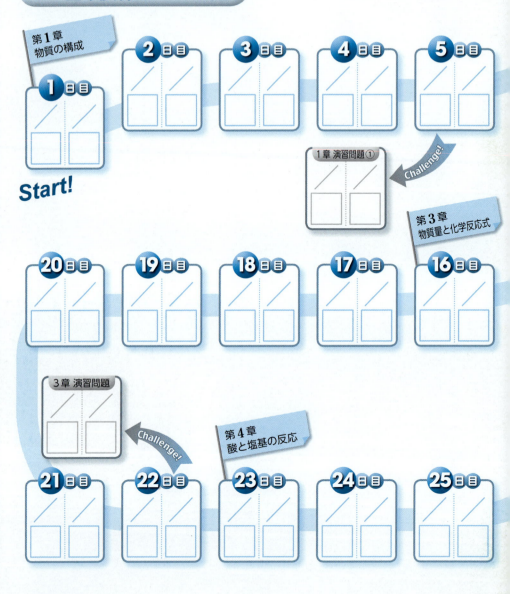

〈使い方〉
実際に取り組んだ日や，できるようになった日を記入しよう！
あらかじめ日にちをすべて埋めておき，学習計画表として使うこともできるよ！

例 ◎：ばっちり！
　 レ：OK！
　 ✗：もう一回！
　　　などのように自由に使ってね！

GLOSSARY & CHECKLIST

BASIC CHEMISTRY IN 35 DAYS

チャート式® 問題集シリーズ
35日完成！ 大学入学共通テスト対策 化学基礎
〈付属　用語集 & チェックリスト〉

目　次

- 用 語 集 ……………………………………………… 2
- チェックリスト …………………………………… 52

用語集では，本冊でわからなかった用語や，試験直前に気になった用語を調べることができるぞ！持ち出して空き時間にどんどん活用しよう！
🅒がついているところは，参照することで，理解が深まるんじゃ。

チェックリストでは，大学入学共通テストまでに覚えておくべき重要なポイントをまとめているんだね！
覚えられたら，チェック✓を入れようっと！

スマートフォン（iPhone・Android）・タブレット（iPad）対応アプリ

数研 Library　－数研の教材をスマホ・タブレットで学習－

「数研 Library」では，別冊付録に収録されている「用語集」をスマートフォンやタブレット端末で学習できます（無料）。冊子を持ち歩かなくても，移動中やスキマ時間に，手軽に重要用語を確認することができます。

■入手方法
①アプリストアより「数研 Library」をインストールし，アプリを起動する。
②「My 本棚」画面下の「コンテンツを探す」を押す。
③「チャート式問題集シリーズ 35 日完成！大学入学共通テスト対策 化学基礎 基礎知識確認カード」を選択し，「本棚に追加」を押す。

アプリについてより詳しくは
数研出版スマホサイトへ！
（数研 Library 紹介ページへ）

動作環境
- iOS 版　　：iOS 8.0 以降。iPhone，iPad に対応。
- Android 版　：Android 4.1 以降。Android OS 搭載スマートフォンに対応（一部端末では正常に動作しないことがあります）。
その他
- 記載の内容は予告なく変更になる場合があります。
- 本アプリはネットワーク接続が必要となります（ダウンロード済みの学習コンテンツ利用はネットワークオフラインでも可能）。ネットワーク接続に際し発生する通信料はお客様のご負担となります。
- Apple，Apple ロゴ，iPhone，iPad は米国その他の国で登録された Apple Inc. の商標です。App Store は Apple Inc. のサービスマークです。
- Android，Google Play は，Google Inc. の商標です。

用語集

アルファベット

- [ ] BTB
  pH 指示薬の一つ。**ブ**ロモ**チ**モール**ブ**ルー。
  《変色域》 pH 6.0 ～ 7.6
  《色》 酸性で黄色，中性で緑色，塩基性で青色を示す。

- [ ] PET
  ＝ポリエチレンテレフタラート

- [ ] pH
  水素イオン指数のこと。水素イオン濃度指数ともいう。

  $[H^+] = 1 \times 10^{-n}$ mol/L のとき，pH ＝ n

- [ ] pH メーター (pH 計)
  pH を測定したい溶液に浸すと pH の値をデジタル表示する器具。

あ

- [ ] アイソトープ
  ＝同位体。

- [ ] 亜鉛 $_{30}$Zn
  《元素》 12 族の典型金属元素。両性金属。
  《単体 Zn》 ①銀白色の光沢をもつ金属。
  ②反応性が大きい金属で，酸・強塩基のいずれの水溶液にも溶解する。

- [ ] アボガドロ
  (A. アボガドロ，1776 ～ 1856 年，イタリア)法律・科学者。分子の存在を提唱した。 参》アボガドロの法則

- [ ] アボガドロ定数
  物質 1 mol 当たりの粒子の数。6.0×10^{23} /mol。記号は N_A が用いられることが多い。

あ

☐ **アボガドロの法則** （アボガドロ，1811年）『すべての気体は同温・同圧・同体積中に，同数の分子を含む。』という法則。
○p.2

☐ **アマルガム** Hg（水銀）と他の金属との合金を指す。
○p.17

☐ **亜硫酸** H_2SO_3 水に溶けて，HSO_3^-（亜硫酸水素イオン）や SO_3^{2-}（亜硫酸イオン）を生じ，弱酸性を示す。酸性雨に含まれる物質の一つである。
○p.21

$$H_2SO_3 + H_2O \rightleftarrows HSO_3^- + \boxed{H_3O^+}\text{酸}$$
$$HSO_3^- + H_2O \rightleftarrows SO_3^{2-} + \boxed{H_3O^+}\text{酸}$$

☐ **亜硫酸水素ナトリウム** $NaHSO_3$ 酸性塩で水に溶けやすく，水溶液は弱酸性。
○p.21

$$NaHSO_3 \longrightarrow Na^+ + HSO_3^-\text{（亜硫酸水素イオン）}$$
$$HSO_3^- + H_2O \rightleftarrows SO_3^{2-}\text{（亜硫酸イオン）} + \boxed{H_3O^+}\text{酸}$$

☐ **亜硫酸ナトリウム** Na_2SO_3 正塩で水に溶けやすく，水溶液は弱塩基性。
○p.26

$$Na_2SO_3 \longrightarrow 2Na^+ + SO_3^{2-}\text{（亜硫酸イオン）}$$
$$SO_3^{2-} + H_2O \rightleftarrows HSO_3^-\text{（亜硫酸水素イオン）} + \boxed{OH^-}\text{塩基}$$

☐ **アルカリ** 水によく溶ける塩基。
○p.8

☐ **アルカリ金属元素** H（水素）を除く1族元素。

《単体》 ①陽性が強く，1価の陽イオン(○p.48)になりやすい。また，常温の水と激しく反応するため，単体は灯油中に保存する。(○p.47)

②密度が小さく，やわらかく，融点が低い。(○p.47)

《性質》 化合物は炎色反応を示す。
○p.11 ○p.9

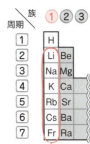

アルカリ金属元素

☐ **アルカリ性** ＝塩基性。
○p.8

- [ ] アルカリ土類金属元素

  Be, Mg を除く2族元素。
  ベリリウム マグネシウム
  　　　　　　　　参照 アルカリ金属元素
  　　　　　　　　　　　　　　　　 p.3
  《単体》①陽性が強く、2価の陽イオン
  　　　　 p.48
  　　　になりやすい。また、常温の水と反応
  　　　するため、単体は灯油中に保存する。
  　　　②比較的密度が小さく、やわらかく、融
  　　　点はアルカリ金属より高い。
  　　　 p.47
  《性質》 化合物は炎色反応を示す。
  　　　　　　　　　　　　　　 p.9

族	①	②	③
周期			
1	H		
2	Li	Be	
3	Na	Mg	
4	K	Ca	
5	Rb	Sr	
6	Cs	Ba	
7	Fr	Ra	

アルカリ土類金属元素

- [ ] アルゴン ₁₈Ar

  《元素》 18族の非金属元素(貴ガス元素)。
  　　　　　 p.39
  《単体 Ar》 常温で無色の気体。
  《存在》 空気中では、N₂, O₂ に次いで、3番目に多い成分である。
  　　　　　　　　　窒素 酸素

  〈乾燥空気のおもな成分〉

成分	N₂ 窒素	O₂ 酸素	Ar アルゴン	CO₂ 二酸化炭素
体積(%)	78	21	0.9	0.04

- [ ] アルマイト

  アルミニウムの表面に人工的に酸化被膜をつけたアルミニウム製品のこと。酸化被膜はち密で丈夫なため、アルミニウム製品の表面加工に利用されている。
  　 p.4

- [ ] アルミナ

  ボーキサイトを精製して得られる純粋な Al₂O₃ のこと。
  　　　 p.43　 p.26　　　　　　　　　　　酸化アルミニウム
  融点は2000℃以上。　　　　　　　 参照 発展 溶融塩電解
  　　　　　　　　　　　　　　　　　　　　　　　　　 p.49

- [ ] アルミニウム ₁₃Al

  《元素》 13族の典型金属元素。両性金属。
  　　　　　　　　　　　 p.33　　　　　 p.50
  《単体 Al》①常温で銀白色の固体。
  　②空気中で容易に酸化され、表面にち密な酸化被膜を形成する。
  　③アルミナの溶融塩電解によって得られる。
  　　　　　　　　 発展 p.49
  　④アルミニウム製品は、20世紀になってから実用化された。
  《性質》 軽くて丈夫な性質を利用し、ジュラルミンなどの合金
  　　　　　　　　　　　　　　　　　　　 p.23　 p.17
  に用いられる。

- [ ] アレーニウス

  (S. アレーニウス、1859～1927年、スウェーデン)
  電離説や酸・塩基の定義を唱えた。　 参照 アレーニウスの定義
  　　　　　　　　　　　　　　　　　　　　　　　　　　 p.5

4　用語集

あ〜い

- **アレーニウスの定義**
  『酸とは，水溶液中で H^+（H_3O^+）を生じる物質であり，塩基とは，水溶液中で OH^- を生じる物質である。』という定義。
  （水素イオン　オキソニウムイオン／水酸化物イオン）

- **安全ピペッター**
  ホールピペットなどに取りつけて使用する。溶液を吸い上げたり，排出したりできる。各ボタンを押すと，その部分を空気が通るしくみとなっている。
  Ⓐ：球部の空気を抜く際に押す。
  Ⓢ：溶液を吸い上げる際に押す。
  Ⓔ：溶液を排出する際に押す。

- **アンモニア NH_3**
  《構造》　三角錐形の極性分子。
  《性質》　①無色・刺激臭の気体。
  ②空気より軽い。
  ③水によく溶け，水溶液は弱塩基性を示す気体である。水溶液をアンモニア水という。
  $$NH_3 + H_2O \rightleftarrows NH_4^+ + OH^-$$
  （アンモニウムイオン／塩基）

- **アンモニウムイオン NH_4^+**
  NH_3 と H^+ の配位結合により生じる1価の陽イオン。多原子イオンの一つ。アンモニウムイオンのNとHの四つの結合は，区別できない。

い

- **硫黄 $_{16}S$**
  《元素》　16族の非金属元素。
  《単体》　斜方硫黄，単斜硫黄，ゴム状硫黄の三つの同素体があり，純粋なものはいずれも黄色である。

□ イオン	原子または原子団(2個以上の原子が結合したもの)が,電子の授受により電荷をもった粒子。原子からできたイオンを単原子イオン, 原子団からできたイオンを多原子イオンという。また,正の電荷をもつ陽イオンと負の電荷をもつ陰イオンに分けられる。
□ (第一)イオン化エネルギー	原子の最も外側の電子殻から(1個の)電子を取り去って(1価の)陽イオンにするのに必要なエネルギー。イオン化エネルギーが小さな原子は,陽イオンになりやすい。周期表の右上ほど大きく,同一周期では貴ガス元素が最大となる。イオン化エネルギーが最大の原子は He である。 ヘリウム
□ (金属の)イオン化傾向	単体の金属の原子が水溶液中で電子を失って,陽イオンになろうとする性質。
□ イオン化列	おもな金属と水素の単体について,イオン化傾向の大きいものから順に並べたもので,大きさは以下の順である。 Li > K > Ca > Na > Mg > Al > Zn > Fe > Ni > リチウム カリウム カルシウム ナトリウム マグネシウム アルミニウム 亜鉛 鉄 ニッケル Sn > Pb > (H₂) > Cu > Hg > Ag > Pt > Au スズ 鉛 水素 銅 水銀 銀 白金 金
□ イオン結合	陽イオンと陰イオンが静電気力(クーロン力)によって引きあってできる結合。一般に,金属原子と非金属原子はイオン結合を形成しやすい。
□ イオン結晶	イオンからなる物質の結晶。例 $NaCl$, $CaCl_2$ 塩化ナトリウム 塩化カルシウム 《性質》 ①固体のままでは電気伝導性がないが,液体や水溶液にすると,電気伝導性が生じる。 ②硬くて,もろい。
□ イオン式	単原子イオンまたは多原子イオンがもっている電荷を右肩につけて表した化学式のこと。 例 Na^+, SO_4^{2-} ナトリウムイオン 硫酸イオン

イオン半径

イオン結晶において，イオンを球とみなしたときの半径。同族のイオンでは，周期表の下に行くほど大きく，同じ電子配置のイオンでは，原子番号が大きいほど小さい。

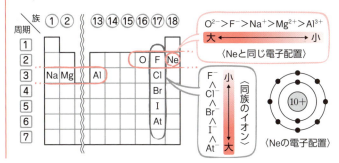

一次電池

充電による再使用ができない電池。(⟷二次電池)

一酸化炭素 CO

《性質》 ①無色・無臭で人体に有毒な気体。

② C（炭素）が不完全燃焼したときに発生し，さらに燃焼すると CO_2（二酸化炭素）になる。

$$C + \frac{1}{2}O_2 \longrightarrow CO \qquad CO + \frac{1}{2}O_2 \longrightarrow CO_2$$

一酸化窒素 NO

《性質》 ①無色・無臭で人体に有毒な気体。

② Cu（銅）や Ag（銀）と希硝酸が反応したときに発生する。

$$3Cu + 8HNO_3(希) \longrightarrow 3Cu(NO_3)_2 + 4H_2O + 2NO\uparrow$$
（硝酸）　　　　　　　　（硝酸銅(Ⅱ)）

③水に溶けにくい。

④空気中ですぐに酸化されて NO_2（二酸化窒素）になる。

$$2NO + O_2 \longrightarrow 2NO_2$$

陰イオン

原子または原子団(2個以上の原子が結合したもの)が電子を受け取り，全体として負(−)の電荷を帯びたもの。(⟷陽イオン)

例 Cl^-（塩化物イオン），SO_4^{2-}（硫酸イオン） イオン

陰性

原子が陰イオンになる性質。貴ガス元素を除いて，周期表の右上の原子ほど強い。(⟷陽性)

え

- [ ] エタノール C_2H_5OH 《**性質**》 ①無色・透明の液体。
  ②-OH がついているので分子間で水素結合する。
  ③水よりは沸点・融点が低い。
  78.3℃　−115℃

- [ ] エチレン C_2H_4 《**性質**》 付加重合するとポリエチレンになる。

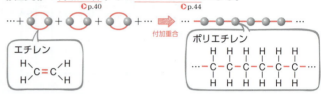

エチレン　ポリエチレン　付加重合

- [ ] 塩 酸から生じる陰イオンと塩基から生じる陽イオンからなるイオン結合でできている物質。

- [ ] 塩化アンモニウム NH_4Cl 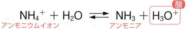 HCl と NH_3 の反応によって生じる正塩で、水溶液は酸性。
  塩化水素　アンモニア

  $NH_4^+ + H_2O \rightleftarrows NH_3 + H_3O^+$
  アンモニウムイオン　アンモニア　酸

- [ ] 塩化水素 HCl 《**性質**》 ①刺激臭がある無色の気体。
  ②水によく溶け、水溶液を塩酸という。

- [ ] 塩化ナトリウム NaCl 正塩で、水溶液は中性。イオン結晶で、食塩の主成分である。

- [ ] 塩基 塩基性を示す物質。(⟷酸)
  参 アレーニウスの定義, ブレンステッド・ローリーの定義

- [ ] 塩基性 水溶液が赤色リトマス紙を青変させたり、酸と反応して酸の性質を打ち消したりする性質。25℃では、pH が 7 より大きい。(=アルカリ性)(⟷酸性)

- [ ] 塩基性塩 塩基の OH が残っている塩。例 $CaCl(OH)$, $MgCl(OH)$
  塩化水酸化カルシウム　塩化水酸化マグネシウム

8　用語集

- □ **塩基性酸化物**（えんきせいさんかぶつ） 金属の酸化物のうち、塩基のはたらきをするもの。
  例　CaO, Na₂O
  　　酸化カルシウム　酸化ナトリウム

- □ **塩酸**（えんさん） HClの水溶液。薄いものを希塩酸、濃いものを濃塩酸という。
  塩化水素
  《**性質**》①無色の溶液で強酸性。揮発性の酸である。
  　　　　②濃塩酸は発煙性なので、濃塩酸に気体のNH₃が近づくと
  　　　　　　　　　　　　　　　　　　　　　　　　アンモニア
  　　　　　白煙が生じる。
  　　　　塩化アンモニウムの結晶
  　　　　　　　HCl + NH₃ ⟶ NH₄Cl
  　　　　　　　　　　　　　　塩化アンモニウム

- □ **炎色反応**（えんしょくはんのう） ある特定の元素を含む化合物を炎の中に入れると、炎に色がつく反応。代表的な元素の炎色反応は以下の通り。

元素	Li	Na	K	Ca	Sr	Ba	Cu
炎色	赤	黄	赤紫	橙赤	紅	黄緑	青緑

  白金線の先に水溶液をつけて、外炎の中に入れる
  （外炎／内炎／白金線／バーナー）

- □ **延性**（えんせい） 金属の引き延ばされる性質のこと。延性を利用した例として、金属の針金などがある。　参▶展性

- □ **塩素**（えんそ）₁₇Cl 《**元素**》17族の非金属元素（ハロゲン元素）。
  《**単体**》Cl₂　黄緑色で刺激臭の気体、有毒。

お

- □ **王水**（おうすい） 濃塩酸と濃硝酸を体積比3：1で混ぜ合わせた強酸性の液体。
  《**性質**》①刺激臭がある橙赤色の発煙性の液体。
  　　　　②酸化力がきわめて強く、AuやPtを溶かす。
  　　　　　　　　　　　　　　　　　　金　白金

- □ **黄銅**（おうどう） CuとZnの合金。真ちゅうともよばれる。
  　　　　　　　　　　　銅　亜鉛

- [ ] 黄(おう)リン

  リンの同素体の一つ。(⟷赤リン)
  ○p.50　○p.35　○p.27
  《**性質**》 ①きわめて不安定で空気中で自然発火するため，水中に保存する。
  ②白色〜黄色の固体で悪臭があり，有毒である。

- [ ] オキソニウムイオン H_3O^+

  H_2O と H^+ の配位結合により生じる1価の陽イオン。多原子イオンの一つ。酸のもとでもあり，H^+ と省略して書かれることが多い。
  ○p.19　○p.38

- [ ] オゾン O_3

  酸素の同素体の一つ。
  ○p.21　○p.35
  《**性質**》 ①淡青色で特異臭のある気体。有毒である。
  ②物質を酸化する力が強い。

  $$O_3 + 2H^+ + 2e^- \longrightarrow O_2 + H_2O$$
  　(0)　　　　　　　　　　　(−2)　　　　（ ）内は酸化数

か

- [ ] カーボンナノチューブ C

  炭素の同素体の一つ。黒鉛の1層分が筒状に結合したもの。
  ○p.30　○p.18

- [ ] 化学結合(かがくけつごう)

  イオン結合，共有結合，金属結合などの原子やイオンの結合を総称したもの。
  ○p.6　○p.14　○p.15

- [ ] 化学式(かがくしき)

  イオン式，構造式，分子式，電子式など，物質を表すさまざまな式のこと。
  ○p.6　○p.17　○p.42　○p.33

Na^+	H−O−H	CO_2	H:N:H / H
イオン式	構造式	分子式	電子式

- [ ] 化学反応(かがくはんのう)

  H_2 と O_2 が反応して H_2O ができるように，化学結合の組みかえによって，ある物質が別の物質に変わる現象。 参▷化学変化
  ○p.10　○p.11

用語集

☐	化学反応式 <small>かがくはんのうしき</small>	化学反応の反応前の物質と反応後の物質を化学式で示し，──→ で結んだ式。反応の条件や，反応途中の情報は含まれない。 <small>●p.10</small>
☐	化学反応式の量的関係 <small>かがくはんのうしき りょうてき かんけい</small>	『化学反応式の係数の比＝物質量の比＝(気体の場合)同温・同圧における体積の比』という関係がある。 <small>●p.16 ●p.40</small> 　　　　　　<small>参●チェックリスト ●p.66</small>
☐	化学肥料 <small>かがくひりょう</small>	自然由来の天然肥料に対して，化学合成によって得られる肥料のこと。(NH₄)₂SO₄（硫酸アンモニウム）などがあり，水によって流出しやすいなどの欠点がある。(⟷天然肥料) <small>●p.34 ●p.39</small>
☐	化学変化 <small>かがくへんか</small>	化学結合の組みかえが起き，物質が別の物質に変わる変化のこと。 (⟷物理変化)　　　　　　　　　　　　　<small>参●化学反応</small> <small>●p.10 ●p.41 ●p.10</small>
☐	化合物 <small>かごうぶつ</small>	純物質のうち，2種類以上の元素からできている物質のこと。化学式は，2種類以上の元素記号を用いて表される。 <small>●p.23</small> 
☐	過酸化水素 H₂O₂ <small>かさんかすいそ</small>	酸化剤としても還元剤としてもはたらく化合物。水溶液はオキシドールとして消毒薬に用いられる。 <small>●p.20 ●p.12</small> (酸化剤としての反応)　H₂O₂ + 2H⁺ + 2e⁻ ──→ 2H₂O 　　　　　　　　　　　(−1)　　　　　　　　　(−2) (還元剤としての反応)　H₂O₂ ──→ O₂ + 2H⁺ + 2e⁻ 　　　　　　　　　　　(−1)　　(0)　　　　　( )内は酸化数
☐	価数 <small>かすう</small>	《酸の価数》　酸の分子1個から生じるH⁺（水素イオン）の数。 <small>●p.19</small> 《塩基の価数》　塩基の組成式に相当する粒子1個または塩基の <small>●p.8</small> 　　　　　　　分子1個から生じるOH⁻（水酸化物イオン）の数（あるいは受け取ることができるH⁺（水素イオン）の数）。
☐	価電子 <small>かでんし</small>	原子の最も外側の電子殻に存在する電子のうち，化学反応にかかわる重要なはたらきをする1～7個の電子のこと。典型元素の場合，価電子の数は，周期表の族番号の一の位の数と等しい。ただし，貴ガス元素の原子の価電子の数は0個とする。　<small>参●最外殻電子</small> <small>●p.33 ●p.13 ●p.18</small>

- 過マンガン酸カリウム KMnO₄

  《性質》 ①黒紫色の針状結晶。

  ②水に溶けると，MnO₄⁻(過マンガン酸イオン)を生じ，硫酸酸性の水溶液中で強い酸化剤としてはたらく。水溶液は赤紫色。

  $$MnO_4^- + 8H^+ + 5e^- \longrightarrow Mn^{2+} + 4H_2O$$
  (+7)　 H_2SO_4由来 　　　　(+2)　　　　　　（ ）内は酸化数

  > 赤紫色のMnO₄⁻が還元されると，ほぼ無色のMn²⁺になるんだね。

- カリウム ₁₉K

  《元素》 1族の典型金属元素(アルカリ金属元素)。N，P(窒素　リン)とともに肥料の三要素とよばれる。

  《単体K》 冷水と反応するため，灯油中に保存する。

- カルシウム ₂₀Ca

  《元素》 2族の典型金属元素(アルカリ土類金属元素)。

  《単体Ca》 冷水とも反応してH₂(水素)を発生する。

  $$Ca + 2H_2O \longrightarrow Ca(OH)_2 + H_2$$
  　　　　　　　　　　水酸化カルシウム

- 還元

  次のようなとき，物質は還元されたという。(⟷酸化)

  ①物質がO(酸素)を失ったとき。
  ②物質がH(水素)を受け取ったとき。
  ③物質がe⁻(電子)を受け取ったとき。
  ④物質中の原子の酸化数が減少したとき。

- 還元剤

  相手を還元する物質。そのとき還元剤自身は酸化され，その中にあるいずれかの原子の酸化数は増加している。(⟷酸化剤)

- 還元作用

  反応相手にe⁻(電子)を与えるはたらきを還元作用といい，このはたらきが強い物質を還元剤という。(⟷酸化作用)

き

☐ **貴ガス元素**
18族元素。「希ガス元素」と書くこともある。単体は単原子分子であり，安定でイオンになりにくく，化合物もつくりにくい。

☐ **気体の密度**
密度は質量を体積で割った値で，気体では，g/Lという単位で表すことが多い。同温・同圧のとき，気体1mol当たりの体積(モル体積)は一定であるから，気体の密度は分子量(モル質量)に比例する。

標準状態では，
気体の密度[g/L] = $\dfrac{モル質量[g/mol]}{22.4\ L/mol}$
となるぞ。

☐ **気体反応の法則**
(ゲーリュサック，1808年)『反応に関係する同温・同圧の気体の体積の比は，簡単な整数比になる。』という法則。

☐ **起電力**
電池において，正極と負極の間の電位差(電圧)のこと。単位はV(ボルト)を用いる。

☐ **揮発性**
蒸発しやすい性質。あるいは，蒸発のしやすさ。(⟷不揮発性)

☐ **強塩基**
塩基のうち電離度が大きく，1に近いもの。(⟷弱塩基)
例　NaOH，KOH，Ca(OH)₂，Ba(OH)₂
　　水酸化ナトリウム　水酸化カリウム　水酸化カルシウム　水酸化バリウム

☐ **凝固**
液体→固体の状態変化のこと。(⟷融解)

☐ **凝固点**
物質が凝固する温度のこと。1気圧(1.0×10⁵Pa)で，水の凝固点は0℃である。

☐ **強酸**
酸のうち電離度が大きく，1に近いもの。(⟷弱酸)
例　HCl，H₂SO₄，HNO₃，HBr，HI
　　塩化水素　硫酸　硝酸　臭化水素　ヨウ化水素

☐ **凝縮**
気体→液体の状態変化のこと。(⟷蒸発)

- □ **共有結合** 2個の原子間でそれぞれの原子の価電子を出しあって，共有してできる結合。一般に，非金属原子どうしは共有結合しやすい。 ⊃p.11

- □ **共有結合結晶** ダイヤモンド C，黒鉛 C，二酸化ケイ素 SiO_2 のように原子が共有結合のみで結合した結晶のこと。一般に，融点が高い。 ⊃p.14

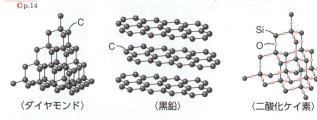

〈ダイヤモンド〉　〈黒鉛〉　〈二酸化ケイ素〉

- □ **共有電子対** 2個の原子間で共有され，共有結合をつくっている電子対(電子のペア)のこと。(⟷非共有電子対) ⊃p.39

  ○：共有電子対
  ●：非共有電子対

- □ **極性** 電荷のかたよりのこと。極性には，「結合の極性」と「分子の極性」とがある。 ⊃p.16　⊃p.42

- □ **極性分子** 極性のある分子。 ⊃p.14
  (⟷無極性分子) ⊃p.45

  〈極性分子の例〉

- □ **極性溶媒** 極性分子からなる溶媒(水，エタノールなど)。極性分子やイオン結晶をよく溶かす。(⟷無極性溶媒) ⊃p.14　⊃p.49　⊃p.6　⊃p.45

- □ **金 $_{79}Au$** 《**元素**》　11族の遷移元素。 ⊃p.28

  《**単体 Au**》　①黄金色の美しい光沢をもつ固体。

  ②金属の中で，最も展性・延性に富む。 ⊃p.34　⊃p.9

  ③非常に安定で，天然でも単体として産出する(自然金)。硝酸や熱濃硫酸にも溶けないが，王水には溶ける。 ⊃p.30　⊃p.24　⊃p.50　⊃p.9

- [ ] 銀 ₄₇Ag 《元素》 11族の遷移元素。
  ◎p.28
  《単体 Ag》 ①銀白色の光沢をもつ固体。
  ②金属の中で，最も電気伝導性や熱伝導性が大きく，展性・延性
  ◎p.34 ◎p.9
  は Au に次ぐ。
  金
  ③イオン化傾向が H₂ よりも小さいため，塩酸や希硫酸とは反
  ◎p.6 水素 ◎p.9 ◎p.50
  応しないが，熱濃硫酸や硝酸には溶ける。
  ◎p.24

- [ ] 金属結合 自由電子による金属原子どうしの結合。
  ◎p.23

- [ ] 金属結晶 金属結合からなる物質の結晶。自由電子が存在するため，固
  ◎p.23
  体のままで電気伝導性がある。金属結晶の単位格子の代表
  ◎p.33
  的な構造に，体心立方格子，面心立方格子（立方最密構造），
  ◎p.29 ◎p.46
  六方最密構造がある。
  ◎p.51

- [ ] 金属元素 単体が金属の性質（展性・延性・金属光沢・熱伝導性・電気伝導性）
  ◎p.34 ◎p.9 ◎p.15 ◎p.33
  を示す元素。（⟷非金属元素）
  ◎p.39

- [ ] 金属光沢 金属に光が当たると反射して銀白色などに光って見える性質のこ
  と。自由電子と光の相互作用によって生じる。
  ◎p.23

く

- [ ] クーロン力 ＝静電気力
  ◎p.26

- [ ] グラファイト ＝黒鉛
  ◎p.18

- [ ] クロマトグラフィー 物質への吸着度や溶媒への溶けやすさの違
  いによって分離・精製する方法。代表的な
  ものに，ペーパークロマトグラフィーがあ
  ◎p.42
  る。

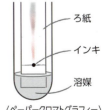
〈ペーパークロマトグラフィー〉

け

- [ ] 形状記憶合金 　熱などを加えることによって，元の形状に戻る性質をもつ金属の合金の一つ。TiやNiを含むものなどがある。
 p.17

- [ ] （化学反応式の）係数 　化学反応式において，それぞれの化学式の前につける数字。

- [ ] ゲーリュサック 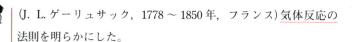　（J. L. ゲーリュサック，1778～1850年，フランス）気体反応の法則を明らかにした。
 p.13

- [ ] 結合の極性 　共有結合している二つの異なる原子の間に生じる，共有電子対のかたよりのこと。電気陰性度の大きな原子のほうに，電子がかたよる。
 p.14　p.14　p.33

- [ ] 結晶 　粒子が規則正しく並んでいる固体。

- [ ] 結晶水 　結晶中でイオンや分子と一定の割合で結合している水。（＝水和水）
 p.26

- [ ] 原子 　物質を構成する最小粒子。中心部にある原子核（陽子と中性子）と，周囲にある電子からなる。陽子の数と電子の数は原子番号に等しく，電荷は0である。大きさは10^{-10}m＝0.1nm程度。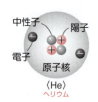

- [ ] 原子価 　分子の構造式において，ある原子から出ている線の数。原子のもつ不対電子の数に等しい。例えば，Hは1，Oは2，Cは4である。
 p.17

- [ ] 原子核 　原子の中心部にあり，陽子と中性子からなる。
 p.16

- [ ] （ドルトンの）原子説 　（ドルトン，1803年）『すべての物質は，それ以上分割することができない最小粒子（原子）からできていて，単体の原子は，その元素に固有の質量と大きさをもち，化合物は異なる種類の原子が定まった数ずつ結合してできた複合原子からできている。原子は消滅したり，無から生じたりすることはない。』という仮説。
 p.35　p.30　p.11

16　用語集

☐	原子の半径(げんしのはんけい)		原子を球とみなしたときの半径。同族の原子では，周期表の下ほど大きく，同周期の原子では，貴ガスを除いて周期表の右ほど小さい。 p.28 p.22

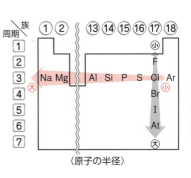
〈原子の半径〉

☐	原子番号(げんしばんごう)		原子核に含まれる陽子の数のこと。元素によって決まっている。 p.48
☐	原子量(げんしりょう)		炭素原子 ^{12}C 1個の質量を12と定め，同位体の相対質量と天然における存在比から求めた，元素の平均的な相対質量。 質量数12 p.35 p.28
☐	元素(げんそ)		物質を構成する原子の種類のこと。
☐	元素記号(げんそきごう)		元素をアルファベット1字または2字を用いて表したもの。1字目は大文字，2字目は小文字で書く。 p.17

こ

☐	鋼(こう)		鉄の製錬において，転炉内の銑鉄に酸素を吹きこんで，炭素分を減らすことで得られる，硬くて強い鉄のこと。 p.27 p.34 p.28
☐	合金(ごうきん)		2種類以上の金属を融解して混合し，凝固させたもの。ステンレス鋼，ジュラルミン，形状記憶合金などさまざまなものが実際に用いられている。 p.26 p.23 p.16
☐	構造式(こうぞうしき)		分子中の原子の結合状態を，1組の共有電子対を1本の線で表した式。必ずしも分子の実際の形を表しているわけではないので，注意が必要である。

どちらも水の構造式！
右は形を意識しただけなのね。

 化学と人間生活
 粒子と結合
 酸・塩基
 酸化・還元・電池・電気分解
 物質・周期表
 人物・化学史
 実験・実験器具

- □ 高分子化合物（こうぶんしかごうぶつ） | 一般に，分子量が1万以上程度の化合物をいう。p.42
  参 PET, ポリエチレン p.2 p.44

- □ コークス | Cが主成分の物質。鉄の製錬の際，原料の鉄鉱石とともに溶鉱炉に入れる。p.27 p.48

- □ 黒鉛（こくえん）C | 炭素の同素体の一つ。（＝グラファイト）p.30 p.35 p.15
  《性質》 ①正六角形を繰り返し単位とする平面構造が，弱い分子間力で結びついた層状構造をなしているため，やわらかい。p.41
  ②各C原子の4個の価電子は，3個が共有結合に用いられ，残りの1個は自由電子として動きまわれるため，電気伝導性をもっている。

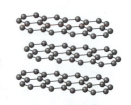

- □ コニカルビーカー | 中和滴定でよく用いる，振り混ぜやすい形をしているビーカー。口がやや細くなっているため，滴下した液体が飛び散りにくく，下部が円錐型のため倒れにくい。

- □ ゴム状硫黄（じょういおう） | 硫黄の同素体の一つ。p.5 p.35
  《性質》 ゴムのような弾性をもつ黒褐色または黄色（純粋なもの）の固体。

- □ 混合物（こんごうぶつ） | 2種類以上の物質が混ざってできているもの。（⇔純物質）p.23

さ

- □ 最外殻電子（さいがいかくでんし） | 最も外側の電子殻に入っている電子のこと。典型元素の場合，最外殻電子の数は，周期表の族番号の一の位の数と等しい。ただし，Heの最外殻電子は2個である。貴ガス元素を除いて，一般的には価電子の役割をする。p.33 p.13 p.11

18　用語集

- ☐ 再結晶（さいけっしょう） 溶解度の違いによって物質を分離・精製する方法。通常，純度を高めたい物質の飽和溶液を高い温度でつくり，ゆっくりと冷却して結晶を析出させる方法をとる。 ⊃p.48 ⊃p.43

- ☐ 錯イオン（さく） 非共有電子対をもった分子や陰イオンなどの配位子が，金属イオンに配位結合してできた複雑な多原子イオンのこと。 ⊃p.39 ⊃p.38
  例 $[Fe(CN)_6]^{3-}$，$[Ag(NH_3)_2]^+$
  ヘキサシアニド鉄(Ⅲ)酸イオン　ジアンミン銀(Ⅰ)イオン

- ☐ 酢酸（さくさん） CH_3COOH 弱酸の有機化合物。食酢にも含まれている。 ⊃p.22
  $CH_3COOH + H_2O \rightleftharpoons CH_3COO^- + H_3O^+$
  　　　　　　　　　　　　酢酸イオン　　　酸

- ☐ 酢酸ナトリウム（さくさん） CH_3COONa 正塩で，水溶液は塩基性を示す。 ⊃p.26
  $CH_3COO^- + H_2O \rightleftharpoons CH_3COOH + OH^-$
  　酢酸イオン　　　　　　酢酸　　　　塩基

- ☐ 錯体（さくたい） 配位結合をもつ化合物のこと。 ⊃p.38

- ☐ 酸（さん） 酸性を示す物質。水溶液中で H_3O^+ を生じる。 ⊃p.20
  オキソニウムイオン
  参 アレーニウスの定義，ブレンステッド・ローリーの定義
  ⊃p.5　　　　　　　　　　　⊃p.41

- ☐ 酸化（さんか） 次のようなとき物質は酸化されたという。（⇔還元） ⊃p.12
  ① 物質が O を受け取ったとき。
  　　　　　酸素
  ② 物質が H を失ったとき。
  　　　　　水素
  ③ 物質が e^- を失ったとき。
  　　　　　電子
  ④ 物質中の原子の酸化数が増加したとき。 ⊃p.20

- ☐ 酸化アルミニウム（さんか） Al_2O_3 アルミニウムの酸化物。（＝アルミナ） ⊃p.4
  《性質》 両性酸化物で，白色の固体。 ⊃p.50

- ☐ 酸化カルシウム（さんか） CaO カルシウムの酸化物。生石灰ともいう。
  《性質》 ① 塩基性酸化物で，白色の固体。 ⊃p.9
  ② 水と反応して多量の熱を発生し，$Ca(OH)_2$（消石灰）を生成する。
  　　　　　　　　　　　　　　　　水酸化カルシウム
  $CaO + H_2O \longrightarrow Ca(OH)_2$

- **酸化還元滴定**（さんかかんげんてきてい）
  濃度不明の酸化剤（還元剤）の濃度を，濃度がわかっている還元剤（酸化剤）で滴定して濃度を求める操作。

- **酸化還元反応**（さんかかんげんはんのう）
  反応の過程で e^-（電子）の授受がある化学反応。物質が酸化される反応と還元される反応は，同時に起こる。

〈酸化還元反応〉

酸化剤		還元剤
酸化する	相手	還元する
還元される	自身	酸化される
減る	酸化数	増える

- **酸化剤**（さんかざい）
  相手を酸化する物質。そのとき酸化剤自身は還元され，その中にあるいずれかの原子の酸化数は減少している。（⟷還元剤）

- **酸化作用**（さんかさよう）
  相手を酸化して，自身は還元される作用。e^-（電子）を受け取るはたらき。（⟷還元作用）

- **酸化数**（さんかすう）
  酸化と還元が判断しやすいように，取り決めにしたがって e^- の出入りを表す数。原子の酸化の程度を表すものであり，単体中の原子の状態を0として，これより失ったとみなせる e^- の数を正の値で，受け取ったとみなせる e^- の数を負の値で示す。参⇒チェックリスト

- **酸化物**（さんかぶつ）
  元素がOと結合したもの。このうち，酸のはたらきをするものを酸性酸化物といい，塩基のはたらきをするものを塩基性酸化物という。

- **三重結合**（さんじゅうけつごう）
  N_2 の N≡N のような，3組の共有電子対による結合のこと。

- **酸性**（さんせい）
  水溶液が酸味を示し，青色リトマス紙を赤変させたり，塩基と反応して塩基の性質を打ち消したりする性質。25℃では，pHが7より小さい。（⟷塩基性）

- ☐ **酸性雨**（さんせいう）
  一般に，pH が 5.6 以下の雨をいう。
  水に空気中の CO_2（二酸化炭素）が溶けこむと pH が 5.6 程度になるが，排気ガスや工場の排煙などに含まれる N（窒素）や S（硫黄）の酸化物が雨に溶けこむことで，これよりさらに pH が低くなる。

- ☐ **酸性塩**（さんせいえん）
  酸の H が残っている塩。HCO_3^-（炭酸水素イオン）や，HSO_4^-（硫酸水素イオン）が含まれる塩など。
  例 $NaHCO_3$（炭酸水素ナトリウム），$KHSO_4$（硫酸水素カリウム）

- ☐ **酸性酸化物**（さんせいさんかぶつ）
  非金属元素の酸化物のうち，水と反応して酸となるものや塩基と反応して塩を生じるもの。非金属元素の酸化物には，酸性酸化物が多い。

- ☐ **酸素**（さんそ）
  《元素》 16 族の非金属元素。
  《単体 O_2》 ①無色・無臭の気体。
  ②さまざまな元素と化合物をつくり，物質を酸化する性質がある。
  ③空気中では N_2（窒素）に次いで 2 番目に多い成分である。
  ④同素体として O_3（オゾン）がある。

- ☐ **（物質の）三態**（ぶっしつのさんたい）
  固体・液体・気体の物質の三つの状態のこと。

し

- ☐ **ジアンミン銀(I)イオン $[Ag(NH_3)_2]^+$**（ぎん）
  2 個の NH_3（アンモニア）分子が Ag^+（銀(I)イオン）に配位結合してできた直線形の構造をした錯イオン。

- ☐ **式量**（しきりょう）
  イオン式や組成式に含まれる元素の原子量の総和。イオンやイオンからなる物質，金属などの相対質量を表す。単位は，なし。

 化学と人間生活
 粒子と結合
 酸・塩基
 酸化・還元・電池・電気分解
 物質・周期表
 人物・化学史
 実験・実験器具

- [ ] 指示薬 水溶液のpHに応じて色調が変わる物質。フェノールフタレイン（変色域pH8.0〜9.8）やメチルオレンジ（変色域pH3.1〜4.4）などが知られている。

フェノールフタレイン	無		8.0		9.8	赤
メチルオレンジ	赤	3.1		4.4		橙黄
BTB	黄		6.0	緑	7.6	青

- [ ] 質量数 陽子の数と中性子の数の和。同位体は質量数が異なる。

- [ ] 質量パーセント濃度 溶液の質量に対する溶質の質量の割合。単位は％。

$$質量パーセント濃度[\%] = \frac{溶質の質量[g]}{溶液の質量[g]} \times 100\%$$

- [ ] 質量保存の法則 （ラボアジエ，1774年）『反応物の質量の総和と生成物の質量の総和は等しい』という法則。

- [ ] 弱塩基 塩基のうち電離度が1よりかなり小さいもの。Fe(OH)₃などの水に溶けにくい塩基も弱塩基に分類されることが多い。（⟷強塩基）
  例　NH₃，Cu(OH)₂
     アンモニア　水酸化銅(Ⅱ)

- [ ] 弱酸 酸のうち電離度が1よりかなり小さいもの。（⟷強酸）
  例　CH₃COOH，H₂CO₃，H₂C₂O₄
     酢酸　　　炭酸　　シュウ酸

- [ ] 斜方硫黄 硫黄の同素体の一つ。
  《**性質**》硫黄の同素体の中では，常温で最も安定な黄色の固体。

- [ ] 周期 周期表の横の行のこと。第1周期〜第7周期まである。

- [ ] 周期表 元素を原子番号の順に並べて，性質のよく似た元素が縦の同じ列に並ぶように組んだもの。縦の列を族，横の行を周期という。

- [ ] 周期律 元素を原子番号の順に並べたとき，その性質が周期的に変化すること。イオン化エネルギー，単体の融点や原子の大きさなどにみられる。

- [ ] **重合体**（じゅうごうたい）
  1種類または数種類の単量体が，数百から数千以上も共有結合でつながったもの。
  ◯p.30　　参◯縮合重合，付加重合　◯p.23　◯p.14　◯p.40

- [ ] **シュウ酸**（さん） $H_2C_2O_4$
  2価の弱酸。化学式は $(COOH)_2$ とも書く。
  《性質》 ①無水物は白色の固体。吸湿性があり，空気中ではしだいに二水和物になる。◯p.45　◯p.26
  ②二水和物 $H_2C_2O_4・2H_2O$ も白色の固体で，シュウ酸水溶液の再結晶で得られる。空気中で安定であるため，質量から正確な物質量を求めることができるので，これを溶かした水溶液は中和滴定における標準液として使用される。◯p.19　◯p.31　◯p.39

- [ ] **臭素**（しゅうそ） $_{35}Br$
  《元素》 17族の非金属元素（ハロゲン元素）。◯p.39　◯p.38
  《単体 Br_2》 常温では赤褐色の液体である。

- [ ] **重曹**（じゅうそう） $NaHCO_3$
  ケーキなどを焼くときのベーキングパウダー（ふくらし粉）の主成分で，水溶液は弱塩基性である。（＝炭酸水素ナトリウム）◯p.30

- [ ] **自由電子**（じゆうでんし）
  金属結晶や黒鉛の結晶などで，結晶内を自由に動きまわれる電子のこと。電気伝導性や熱伝導性や金属光沢の由来となる。◯p.15　◯p.18　◯p.33　◯p.15

- [ ] **充填率**（じゅうてんりつ）【発展】
  単位格子の中に原子（またはイオン）がどれほどの割合でつまっているのかを表す指標。以下の式で表される。◯p.29

  $$充填率[\%] = \frac{単位格子内の原子の体積}{単位格子の体積} \times 100\%$$

- [ ] **縮合重合**（しゅくごうじゅうごう）
  材料となる単量体の一部が小さな分子となって取れながら（縮合），次々とつながる（重合）反応。　参◯ポリエチレンテレフタラート　◯p.30　◯p.44

- [ ] **ジュラルミン**
  Alを含んだ合金の一つ。軽く丈夫であることから，航空機の機体やアタッシュケースに用いられる。（アルミニウム ◯p.17）

- [ ] **純物質**（じゅんぶっしつ）
  1種類の物質のみからできていて，一つの化学式で表すことができる物質。単体あるいは化合物に分類できる。◯p.30　◯p.11

- □ 昇華 固体→気体の状態変化のこと(気体→固体の状態変化も含めて昇華ということがある。)。昇華しやすい代表的な物質に，CO_2(ドライアイス)，I_2(ヨウ素)，ナフタレンがある。

- □ 昇華法 固体→気体→固体の状態変化を利用して，混合物中の昇華しやすい物質を，昇華しにくい物質から分離・精製する方法。

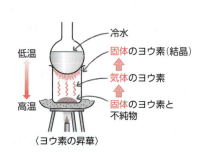
〈ヨウ素の昇華〉

- □ 硝酸 HNO_3 代表的な強酸の一つ。水溶液は，薄いものを希硝酸，濃いものを濃硝酸という。

  《性質》 ①無色の液体で，刺激臭がある。

  ②酸化力があり，Cu(銅)や Ag(銀)と反応する。その際，希硝酸では NO(一酸化窒素)，濃硝酸では NO_2(二酸化窒素) が発生する。

  $3Cu + 8HNO_3(希) \longrightarrow 3Cu(NO_3)_2 + 4H_2O + 2NO$
  (+5)　　　　　　　　　　硝酸銅(Ⅱ)　　　　　(+2)

  $Cu + 4HNO_3(濃) \longrightarrow Cu(NO_3)_2 + 2H_2O + 2NO_2$
  　　　(+5)　　　　　　　　　　　　　　　(+4)
  　　　　　　　　　　　　　　　　　　　　（ ）内は酸化数

- □ 状態変化 物質の三態の間の変化のこと。状態変化は，代表的な物理変化である。

- □ 蒸発 液体→気体の状態変化のこと。(⟷凝縮)

- □ 蒸発熱 物質が蒸発するときに外部から吸収する熱のこと。

- □ 蒸留 溶液(混合物)を加熱して，発生した蒸気を冷却することにより，目的の物質(液体)を得る，分離・精製方法。蒸留装置を用いる。

  例　海水から純水をとり出す。

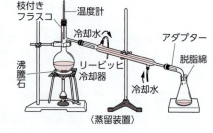
〈蒸留装置〉

す

- 水銀 $_{80}Hg$

  《元素》 12族の典型金属元素。 ▶p.33
  《単体》 ①常温・常圧で，唯一の液体金属である。
  ②他の液体と比べて密度が大きい($13.5 g/cm^3$)ので，気圧計などに使われる。
  ③熱膨張を利用して，温度計などに用いられる。

  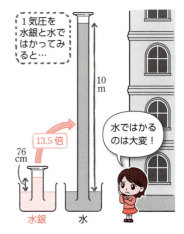
  1気圧を水銀と水ではかってみると…
  10m
  76cm　13.5倍
  水ではかるのは大変！
  水銀　水

- 水酸化カリウム KOH

  1価の強塩基。白色の固体。 ▶p.13

- 水酸化カルシウム $Ca(OH)_2$

  2価の強塩基。白色の固体で消石灰ともよばれる。水に少しだけ溶け，この飽和水溶液を石灰水という。 ▶p.13 ▶p.27

- 水酸化ナトリウム NaOH

  1価の強塩基。白色の固体で苛性ソーダともよばれる。空気中の水分を吸収して溶ける(潮解)。 ▶p.13

- 水酸化バリウム $Ba(OH)_2$

  2価の強塩基で，白色の固体。 ▶p.13

- 水素 $_1H$

  《元素》 1族の非金属元素。 ▶p.39
  《単体 H_2》 ①無色・無臭の気体で水に不溶。
  ②気体中で最も軽い。

- 水素イオン指数 ＝ pH ▶p.2

- 水素吸蔵合金

  水素を吸着・脱着できる合金。La，Niからなるものが知られている。
  ランタン　ニッケル

- **水素結合** 発展
  「電気陰性度の大きな原子と結合しているH原子」と「他の分子の電気陰性度の大きな原子」との間にはたらく結合。分子間力の中では，強い引力である。 p.41

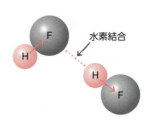

- **水溶液**
  溶媒が水の溶液。(高校で扱う溶液はほとんど水溶液である。) p.49 p.48

- **水和**
  水溶液中でイオンなどが水分子を強く引きつける現象。

- **水和イオン**
  水和しているイオン。 p.26

- **水和水**
  結晶中でイオンや分子と一定の割合で結合している水。(＝結晶水) p.16

- **水和物**
  水分子(水和水)を含んでいる物質。水和水の数が一つのものを一水和物，二つのものを二水和物という。
  例 $CuSO_4 \cdot 5H_2O$（硫酸銅(Ⅱ)五水和物），$H_2C_2O_4 \cdot 2H_2O$（シュウ酸二水和物）

- **ステンレス鋼**
  FeにCrやNiを混ぜた合金。さびにくい。 p.17

せ

- **正塩**
  酸のHも塩基のOHも残っていない塩。 p.19 p.8

- **正極**
  電池において，導線から電子が流れこむ電極。(⟷負極) p.33 p.40

- **精製**
  不純物を取り除き，純度の高い物質を得ること。

- **生成物**
  反応してできた物質。化学反応式の右辺に書く。(⟷反応物) p.39

- **静電気力**
  電荷を帯びた粒子の間にはたらく力。＋の電荷と－の電荷を帯びたものの間には引力が生じ，＋の電荷を帯びた粒子どうし，－の電荷を帯びた粒子どうしの間では斥力が生じる。(＝クーロン力) p.32

- ☐ 青銅(せいどう)　　Cu と Sn の合金。ブロンズともよばれる。
　　　　　　　　　　銅　スズ　 ⊃p.17

- ☐ (鉄(てつ)の)製錬(せいれん) 　磁鉄鉱(主成分：Fe_3O_4)や赤鉄鉱(主成分：Fe_2O_3)などの鉄鉱石から鉄を取り出す方法。溶鉱炉(図) ⊃p.48 と転炉の2段階で，コークスを用 ⊃p.34　　　　⊃p.18 いて還元し，鉄の純度を高める。 ⊃p.12

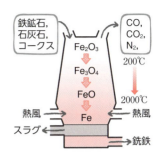

- ☐ 赤リン 　リンの同素体の一つ。発火剤としてマッチ箱の側薬などに用いら ⊃p.35　　　　　　　　　　　　マッチ棒をこすりつける部分 れる。(⟷黄リン) ⊃p.10
　《性質》①常温で安定な赤褐色の固体。
　　　　　②毒性は少ない。

- ☐ 絶縁体(ぜつえんたい) 　電気(・熱)を通さない物質のこと。(⟷導体)
　　　　　　　　　　　　　　　　　　　　　　　　　　　⊃p.35

- ☐ 石灰水(せっかいすい)　$Ca(OH)_2$ の飽和水溶液。
　　　　　　　　　水酸化カルシウム
　《性質》 CO_2 を吹きこむと白色の $CaCO_3$ を生成し，水溶液は
　　　　二酸化炭素　　　　　　　炭酸カルシウム
　濁る。さらに CO_2 を吹きこみ続けると，$Ca(HCO_3)_2$ となっ
　　　　　　　　　　　　　　　　　　　　　　　炭酸水素カルシウム
　て溶け，沈殿が消える。
　(沈殿生成) $Ca(OH)_2 + CO_2 \longrightarrow CaCO_3 + H_2O$
　(沈殿消失) $CaCO_3 + H_2O + CO_2 \rightleftharpoons Ca^{2+} + 2HCO_3^-$

- ☐ 石灰石(せっかいせき) 　$CaCO_3$ からなる白色の岩石。鉄の製錬の際に，原料の鉄鉱石，コー
　　　　　　　炭酸カルシウム　　　　　　⊃p.27
　クスとともに溶鉱炉に入れる。

- ☐ 絶対温度(ぜったいおんど) 　絶対零度を基準とし，目盛りの間隔がセルシウス温度と等しくな
　　　　　　　⊃p.27　　　　　　　　　　　　　　　　　　　　　　　るように定めた温度。セルシウス温度[℃]に273を足した値とな
　　　　　　　　　　　　　　　　　　　　　　　　　　正確には273.15 り，単位はKである。
　　　　　　ケルビン

- ☐ 絶対零度(ぜったいれいど) 　絶対温度0Kのこと。セルシウス温度では−273℃である。物質
　　　　　　　⊃p.27 ケルビン　　　　　　　　　⊃p.28　正確には−273.15℃
　の熱運動がないとみなせる温度であり，これより低い温度は存在 ⊃p.37
　しない。

- [ ] セラミックス　　ガラス，セメント，陶磁器など，無機物を高温で処理したもの。

- [ ] セルシウス温度　　普段利用している単位〔℃〕を用いた温度のこと。水の融点は0℃，沸点は100℃である。　参照▶絶対温度

- [ ] 遷移元素　　周期表の3族〜11族の元素のこと。遷移元素はすべて金属元素である。（＝遷移金属元素）（⟷典型元素）
  《性質》　①最外殻電子の数は1または2のものが多い。
  　　　　②有色のイオンになるものが多い。
  　　　　③複数の酸化数をとるものが多い。

- [ ] 銑鉄　　鉄の製錬において，溶鉱炉から得られる鉄。Cなどの不純物を含んでいて，硬くてもろい。転炉に入れ，さらにCなどの不純物を減らすことで，硬くて強い鋼となる。

そ

- [ ] 相対質量　　質量数12の炭素原子 ^{12}C を12と定め，これを基準とした他の原子の相対的な質量。

- [ ] 族　　周期表の縦の列のこと。

- [ ] 組成式　　構成する元素の種類と数の比を用いて表した化学式。ふつう，イオンからなる物質や金属などを表すために用いられる。

過酸化水素の表し方
分子式…H_2O_2
組成式…HO
H : O = 1 : 1

組成式だと，分子が想像しにくいね。

た

☐ **大気圧**
大気が示す圧力。大気が接するあらゆる面におよぼされる。水銀柱の高さで測定することができ，通常の大気圧(1気圧＝1atm) 1.013×10^5 Pa は 760mm の水銀柱がおよぼす圧力に等しいので，760mmHg とも表す。

> 1気圧(1atm) ＝ 1.013×10^5 Pa ＝ 1013hPa ＝ 760mmHg
> 正確には 101325Pa

☐ **体心立方格子** 発展
金属の単位格子の構造の一つ。立方体の中心と頂点に原子が位置し，充填率は 68 % である。

☐ **ダイヤモンド**
炭素の同素体の一つ。共有結合結晶。
《構造》 ①原子どうしが共有結合で結びつき，正四面体を繰り返し単位とする立体構造をしている。
②各 C 原子の 4 個の価電子は，すべて共有結合に用いられている。
《性質》 ①非常に硬い。
②自由電子がないため，電気を通さない。

〈ダイヤモンドの構造〉

☐ **多原子イオン**
原子団(2個以上の原子が結合したもの)が電荷をもったもの。(⟷単原子イオン) 例 SO_4^{2-}，NH_4^+
硫酸イオン アンモニウムイオン

☐ **多原子分子**
CO_2 や NH_3 のように複数の原子からなる分子のこと。
二酸化炭素 アンモニア

☐ **単位格子** 発展
結晶格子(結晶の中の粒子の規則正しい配列構造)の最小の繰り返し単位のこと。

☐ **単結合**
HCl の H-Cl のように 1 組の共有電子対による共有結合のこと。
塩化水素

- ☐ **単原子イオン** 1個の原子からなるイオンのこと。（⟷ 多原子イオン）
  ▶p.29

- ☐ **単原子分子** He や Ar のように1個の原子からなる分子のこと。
  ヘリウム　アルゴン

- ☐ **炭酸水素ナトリウム** 酸性塩で，水溶液は弱塩基性を示す。（＝重曹）
  NaHCO₃　　▶p.21　　　　　　　　　　　　　　　　　　▶p.23
  　　　　　　HCO₃⁻ ＋ H₂O ⇌ H₂CO₃ ＋ [OH⁻] 塩基
  　　　　　　炭酸水素イオン　　　　　　炭酸

- ☐ **炭酸ナトリウム** 正塩で，水溶液は塩基性を示す。
  Na₂CO₃　　▶p.26
  　　　　　　CO₃²⁻ ＋ H₂O ⇌ HCO₃⁻ ＋ [OH⁻] 塩基
  　　　　　　炭酸イオン　　　　　炭酸水素イオン

- ☐ **単斜硫黄** 硫黄の同素体の一つ。
  ▶p.5　▶p.35
  《性質》　①針状の黄色の固体。
  　　　　②常温で放置すると，徐々に安定な斜方硫黄になる。
  ▶p.22

- ☐ **炭素** ₆C 《元素》　14族の非金属元素。
  ▶p.39
  《単体》　黒鉛，ダイヤモンド，フラーレン，カーボンナノチュー
  ▶p.18　　　　　　▶p.29　　　▶p.41
  ブなどの同素体がある。
  ▶p.10　▶p.35

- ☐ **単体** 純物質のうち，H₂ や O₂ など，1種類の元素からできている物質
  ▶p.23　　水素　酸素　　　　　　　　▶p.17
  のこと。化学式は，1種類の元素記号のみで表される。参▶化合物
  ▶p.11

- ☐ **単量体** 重合反応によって高分子化合物をつくる原料となる，1種類また
  参▶縮合重合，付加重合　　　　　　▶p.18
  は数種類の比較的小さな分子のこと。　　　　　　　　参▶重合体
  ▶p.23

- ☐ **チオ硫酸ナトリウム** 白色結晶で水に溶け，還元剤としてはたらく。
  Na₂S₂O₃
  　　　　　　2S₂O₃²⁻ ⇌ S₄O₆²⁻ ＋ 2e⁻
  　　　　　　チオ硫酸イオン　四チオン酸イオン

- ☐ **蓄電池** ＝二次電池
  ▶p.37

- 窒素 ₇N
  《元素》 14族の非金属元素。P, Kとともに肥料の三要素とよばれる。
  《単体 N₂》 無色・無臭で空気中の約80％を占める比較的不活性（反応性が乏しい）な気体。

- 抽出
  特定の溶媒を用いて、その溶媒に溶けやすい物質のみを溶かし出して分離する方法。
  お茶も熱水による抽出の利用例。

- 中性
  酸の性質も塩基の性質もない性質。25℃ではpH7。

- 中性子
  原子核に存在する電荷をもたない粒子のこと。陽子とほぼ等しい質量をもつ。陽子の数が同じで、中性子の数が異なる原子を同位体とよぶ。

- 中和
  酸と塩基が反応して、互いにその性質を打ち消しあう変化。中和反応ともいう。

- 中和滴定
  濃度不明の酸、または塩基の水溶液の濃度を、正確な濃度がわかった塩基、または酸の水溶液（標準液）と完全に中和する量を調べて、決定するような実験操作をいう。

- 中和滴定曲線
  中和滴定において加えた酸または塩基の量（水溶液の体積）と混合溶液のpHとの関係を表す曲線。単に滴定曲線ともいう。

- 中和点
  酸と塩基が過不足なく中和する点。

- 中和の量的関係
  『酸から生じるH⁺の物質量と、塩基から生じるOH⁻の物質量が等しいとき過不足なく中和する。』という関係。

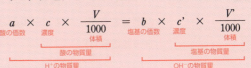

a価のc〔mol/L〕の酸V〔mL〕とb価のc'〔mol/L〕の塩基V'〔mL〕の中和

$$a \times c \times \frac{V}{1000} = b \times c' \times \frac{V'}{1000}$$

酸の価数　濃度　体積　　塩基の価数　濃度　体積
酸の物質量　　　　　塩基の物質量
H⁺の物質量　　　　　OH⁻の物質量

て

- ☐ 定比例の法則
  （プルースト，1799年）『化合物中の成分元素の質量比は一定である。』という法則。
  ⊃p.41

- ☐ 滴定曲線
  ＝中和滴定曲線
  ⊃p.31

- ☐ 鉄 $_{26}$Fe
  《元素》　8族の遷移元素。
  ⊃p.28
  《単体 Fe》　①灰白色の金属。
  ②鉄鉱石の製錬で得られる。
  ⊃p.27
  ③比較的イオン化傾向が大きく，塩酸や硫酸などの希酸には溶けるが，濃硝酸には不動態をつくるため，溶けない。
  ⊃p.6　⊃p.9　⊃p.50
  ⊃p.41
  ④さびやすいため，めっきしたり，合金にしたりして用いられる。亜鉛をめっきしたトタンやスズをめっきしたブリキ，ステンレス鋼がその例である。
  ⊃p.46
  ⊃p.26

- ☐ テトラアンミン亜鉛（Ⅱ）イオン
  $[Zn(NH_3)_4]^{2+}$
  4個の NH_3 が Zn^{2+} に配位結合してできた正四面体形の構造をした錯イオン。
  アンモニア　亜鉛イオン　⊃p.38
  ⊃p.19

- ☐ テトラアンミン銅（Ⅱ）イオン
  $[Cu(NH_3)_4]^{2+}$
  4個の NH_3 が Cu^{2+} に配位結合してできた正方形の構造をした錯イオン。
  アンモニア　銅（Ⅱ）イオン　⊃p.38
  ⊃p.19

- ☐ 電荷
  物質や粒子がもつ電気の量。陽子1個の電荷を＋1とすると，電子1個の電荷は－1である。

- ☐ 電解質
  水に溶けたときに電離する物質。NaCl や CH_3COOH などがその例であるが，エタノールなどのアルコールは電解質ではない。
  ⊃p.34　塩化ナトリウム　酢酸
  （⟷ 非電解質）
  ⊃p.39

- ☐ (銅の)電解精錬 【発展】 | 粗銅(不純物を含んだ銅)を陽極，純銅を陰極として，硫酸酸性の硫酸銅(Ⅱ)水溶液を電気分解することで，銅の純度を高める方法。

- ☐ 電気陰性度 | 原子が共有電子対を引きつける強さの度合いのこと。電気陰性度の特に大きな原子は，F，O，N である。
  フッ素 酸素 窒素

- ☐ 電気伝導性 | 電気を通す性質のこと。導電性ともいう。

- ☐ 電極 | 電池における正極・負極のように，電気的に物質どうしを接続させるのに用いる導体や半導体のこと。金属の他，炭素の電極がよく用いられる。 ⊃p.26 ⊃p.40 ⊃p.35 ⊃p.39

- ☐ 典型元素 | 周期表の1，2族と12〜18族の元素のこと。このうち，金属元素を典型金属元素という。典型元素では，同族の原子の価電子の数が同じで，同族元素の性質が似ている。(⟷遷移元素) ⊃p.22 ⊃p.28 ⊃p.15 ⊃p.11 ⊃p.28

- ☐ 電子 | 原子を構成する粒子の一つで，原子核の周囲に位置し，マイナスの電荷をもっている。質量は，陽子や中性子のおよそ $\frac{1}{1840}$ である。 ⊃p.16 ⊃p.32

- ☐ 電子殻 | 原子において，電子が存在できる層のこと。内側から順に K殻，L殻，M殻，N殻，…とよぶ。

漢字に注意

- ☐ 電子式 | 元素記号のまわりに最外殻電子を・で書き表したもの。 ⊃p.18
  例 ・H, ・Ċ・

- ☐ 電子親和力 | 原子が電子を1個受け取るときに放出されるエネルギー。電子親和力が大きな原子は陰イオンになりやすい。 ⊃p.7

て

33

- [ ] 電子配置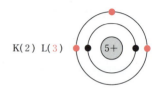
原子やイオンの電子がどの電子殻に何個入っているかを表したもの。BはK殻に2個，L殻に3個電子があるので，K(2)L(3)のように表す。

- [ ] 展性
金属の薄く広げられやすい性質のこと。展性を利用した例として，金箔などがある。　　参○延性

- [ ] 電池
酸化還元反応によって発生する化学エネルギーを，直流の電気エネルギーとして取り出す装置。

- [ ] 天然肥料
自然界から得られる肥料のこと。堆肥など。（⇔化学肥料）

- [ ] 電離
物質が水に溶けるなどしてイオンに分かれること。

- [ ] 電離度
溶けた酸（塩基）の物質量に対する，電離している酸（塩基）の物質量の割合のこと。記号 α で表す（$0 < \alpha \leqq 1$）。強酸や強塩基では，ほぼ1となる。

$$電離度\alpha = \frac{電離している酸（塩基）の物質量}{溶けた酸（塩基）の物質量}$$

- [ ] 転炉
鉄の製錬において，溶鉱炉から出てきた銑鉄が送られる炉で，酸素を吹きこんで，銑鉄に含まれる炭素分を除去し，鋼をつくる。

― と ―

- [ ] 銅 $_{29}$Cu
《元素》　11族の遷移元素。
《単体》　①赤色の光沢をもつ金属。
　②熱や電気をよく導き，やわらかく加工しやすいため，電線や調理器具などに使われる。
　③さびにくいが，湿った空気中に長時間放置すると緑青とよばれるさびが生じる。

《**性質**》 ①粗銅(純度99%程度の銅)は電解精錬により純度を高めることができる。 _{発展} ◯p.33

②さまざまな合金の原料となり、Znとの合金は黄銅(真ちゅう)、Snとの合金は青銅(ブロンズ)とよばれる。
◯p.17 亜鉛
スズ

- [ ] **同位体**（どういたい） | 原子番号(陽子の数)が同じで、中性子の数が異なる原子どうしのこと。
◯p.17 ◯p.31

- [ ] **同族元素**（どうぞくげんそ） | 周期表で同じ族に属する元素。
◯p.22 ◯p.28

- [ ] **同素体**（どうそたい） | O_2とO_3など、同じ元素からできている単体で、性質の異なるもの。同素体をもつ代表的な元素に S, C, O, P がある。
◯p.30 酸素 オゾン
硫黄 炭素 酸素 リン

- [ ] **導体**（どうたい） | 電気(・熱)を通しやすい物質のこと。(⇔絶縁体) 参◯ 半導体
◯p.27 ◯p.39

- [ ] **突沸**（とっぷつ） | 突発的な沸騰のこと。液体を加熱すると、沸点を超えた温度で急に沸騰が始まることがあり、液体が飛び散るなどの危険がある。突沸を防ぐために、沸騰石が用いられる。
◯p.41 ◯p.41
◯p.41

- [ ] **ドライアイス** | CO_2の固体のこと。昇華しやすい性質をもつ。
二酸化炭素 昇華点−79℃

- [ ] **トリチェリの真空**（しんくう） | 大気圧下で、一端を閉じた長いガラス管に水銀を満たし、水銀を入れた容器に倒立させると、ガラス管内の水銀が一定の高さまで下がり、上部に水銀のない部分が存在するようになる。この部分をトリチェリの真空という。
◯p.25

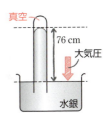

- [ ] **ドルトン** | (J. ドルトン、1766〜1844年、イギリス)イングランド北部に生まれた。独学で自然科学を学習し、混合気体の考察から分圧の法則を提唱。原子説や倍数比例の法則も発表した。
◯p.16 ◯p.38

な

- ナイロン　　ストッキングなどの衣料に利用されている合成繊維。ナイロン66 「6,6-ナイロン」ともいう
やナイロン6などの種類がある。
「6-ナイロン」ともいう

- ナトリウム ₁₁Na　《元素》　1族の典型金属元素(アルカリ金属元素)。
○p.33　　　　　　　　　　○p.3
《単体 Na》　①銀白色の固体。
②冷水とも激しく反応して H₂ を発生するため, 灯油中に保存する。
水素

に

- ニクロム　　Ni と Cr との合金。電熱線などに利用される。
ニッケル　クロム　○p.17

- ニクロム酸カリウム　《性質》　①常温では赤橙色の固体。
K₂Cr₂O₇
②水に溶け, 水溶液も赤橙色。
③強い酸化剤である。

$$Cr_2O_7^{2-} + 14H^+ + 6e^- \longrightarrow 2Cr^{3+} + 7H_2O$$
　　(+6)　　　　　　　　　　　(+3)　　　　　　( )内は酸化数

- 二原子分子　　O₂ や Cl₂ のように2個の原子からなる分子のこと。
にげんしぶんし　　酸素　塩素

- 二酸化硫黄 SO₂　《性質》　①刺激臭をもつ, 無色の有毒な気体。
にさんかいおう
②酸性酸化物であり, 水と反応すると H₂SO₃ となって弱酸性
○p.21　　　　　　　　　　　　　　亜硫酸
を示す。
③還元剤にも酸化剤にもなる。

(還元剤としての反応)　$SO_2 + 2H_2O \longrightarrow SO_4^{2-} + 4H^+ + 2e^-$
　　　　　　　　　　　　(+4)　　　　　　　(+6)

(酸化剤としての反応)　$SO_2 + 4H^+ + 4e^- \longrightarrow S + 2H_2O$
　　　　　　　　　　　　(+4)　　　　　　　(0)　　　( )内は酸化数

- 二酸化ケイ素 SiO₂　共有結合結晶である代表的な化合物。水晶(石
にさんかケイそ　　　○p.14
英)は二酸化ケイ素の結晶である。

《構造》　Si が正四面体の頂点方向に O と
ケイ素　　　　　　　　　酸素
結合し, ダイヤモンドに似た立体構造。

《性質》　硬く, 融点が高い。
水晶の融点：1550℃

- **二酸化炭素 CO_2**

  《性質》 ①無色・無臭の気体。

  ②昇華性があり，固体はドライアイスとよばれる。

  ③石灰水に通すと白く濁る。

  $$Ca(OH)_2 + CO_2 \longrightarrow CaCO_3 + H_2O$$
  水酸化カルシウム　　　　　　炭酸カルシウム

  ④酸性酸化物であり，水に少し溶けて弱酸性を示す。

  $$CO_2 + H_2O \rightleftharpoons (H_2CO_3) \rightleftharpoons HCO_3^- + H^+$$
  　　　　　　　炭酸　　　　　炭酸水素イオン　　酸

  ⑤温室効果ガスの一つ。人間の呼気にも含まれている。

- **二酸化窒素 NO_2**

  《性質》 ①赤褐色で刺激臭のある人体に有毒な気体。

  ② Cu と濃硝酸が反応したときに発生する。
  　銅

  $$Cu + 4HNO_3(濃) \longrightarrow Cu(NO_3)_2 + 2H_2O + 2NO_2 \uparrow$$
  　　　　硝酸　　　　　　　　硝酸銅(Ⅱ)

  ③酸性酸化物であり，水と反応すると硝酸になる。

  ④常温では，一部が無色の N_2O_4 に変化する。
  　　　　　　　　　　　四酸化二窒素

- **二次電池** 充電によって繰り返し使うことのできる電池。蓄電池ともいう。（⟷ 一次電池）

- **二重結合** CO₂ の C=O のように 2 組の共有電子対による共有結合のこと。

ね

- **ネオン ₁₀Ne** 《元素》 18 族の非金属元素（貴ガス元素）。

  《単体 Ne》 ①無色・無臭の気体で，化学的に安定。

  ②ネオンサインなどに用いられる。

- **熱運動** 物質を構成する粒子が，その温度に応じて行う運動。高温ほど盛んになる。

の

- **濃度（のうど）** 溶液中の溶質の割合のこと。 参▶質量パーセント濃度，モル濃度

は

- **配位結合（はいいけつごう）** 一方の原子の非共有電子対を，他方の原子と共有することでできる結合。配位結合は共有結合の一種である。

- **配位子（はいいし）** 錯イオンにおいて，金属イオンに配位結合している分子や陰イオンのこと。

→ 配位結合
▲ 配位子
● 金属イオン
錯イオン

- **配位数（はいいすう）**
  《結晶の配位数》 結晶格子(結晶の中の粒子の規則正しい配列構造)において，一つの原子(またはイオン)に着目したとき，その原子の周囲に存在する最近接の原子(またはイオン)の数。
  《錯イオンの配位数》 錯イオンにおいて，金属イオンに配位結合している配位子の数。

- **倍数比例の法則（ばいすうひれいのほうそく）** （ドルトン，1803年）『元素AとBとからなる化合物が2種以上存在するとき，一方の元素の一定質量と結合する他方の元素の質量は，化合物の間で簡単な整数比になる。』という法則。

- **白金（はっきん） $_{78}$Pt**
  《元素》 10族の遷移元素。
  《単体 Pt》 ①銀白色の金属で，触媒や装飾品として価値が高い。
  ②イオン化傾向が小さく，酸・塩基にも強いが，王水には溶ける。

- **ハロゲン元素（はろげんげんそ）** 17族の非金属元素。
  《性質》 ①陰性が大きく，1価の陰イオンになりやすい。
  ②単体は二原子分子であり，有色で，酸化力が強い。

- **半減期（はんげんき）** 放射性同位体の量がもとの半分になるのに要する時間。

- <ruby>半導体<rt>はんどうたい</rt></ruby>   電気をよく通す導体と通さない絶縁体の中間的な電気伝導性をもつ物質。14族元素の Si や Ge を用いたものが多い。
  ケイ素　ゲルマニウム
  ●p.35　●p.27

- <ruby>反応物<rt>はんのうぶつ</rt></ruby> 化学反応における，反応する物質。化学反応式の左辺に書く。
  ●p.10
  (⟷生成物)
  ●p.26

ひ

- <ruby>非共有電子対<rt>ひきょうゆうでんしつい</rt></ruby>   原子間で共有されていない電子対(電子のペア)のこと。配位結合をする際に重要な役割をする。(⟷共有電子対)

  ○：共有電子対
  ●：非共有電子対
  ●p.38　●p.14

- <ruby>非金属元素<rt>ひきんぞくげんそ</rt></ruby> 単体が金属の性質を示さない元素。(⟷金属元素)
  参●金属元素
  ●p.15

- <ruby>非電解質<rt>ひでんかいしつ</rt></ruby> 電解質ではない物質のこと。(⟷電解質)
  ●p.32

- ビュレット 中和滴定で使用する，溶液の体積を測定するガラス器具。
  ●p.31
  溶液を少しずつ滴下し，その体積の変化量を読み取ることができる。
  参● チェックリスト
  ●p.69

- <ruby>標準液<rt>ひょうじゅんえき</rt></ruby> 中和滴定で使用する，正確な濃度がわかっている溶液。
  ●p.31

- <ruby>標準状態<rt>ひょうじゅんじょうたい</rt></ruby> 0℃，1気圧(= 1.013 × 10⁵ Pa = 1 atm)の状態。
  273K　atm　正確には 101325 Pa

- <ruby>肥料<rt>ひりょう</rt></ruby> 植物の生育を促すために土壌に加える栄養分。
  参● 化学肥料，天然肥料
  ●p.11　●p.34

39

ふ

ファインセラミックス
セラミックスのうち，特に，精製した原料や新しい組成の原料を
p.28
精密な条件で焼き固めたもの。

ファンデルワールス力
極性の有無によらず，すべての分子間にはたらく弱い引力。
発展
p.14

フェノールフタレイン
酸塩基指示薬の一つ。
p.22
《変色域》 pH 8.0 ～ 9.8(塩基性寄り)
p.43
《色》 酸性側で無色，塩基性側では赤色。

付加重合
エチレンからポリエチレンを得るような，二重結合が次々に開き
p.8　　　　　　　　　　　　　　　　　　　　p.37
ながら結合していく反応。

負極
導線に向かって電子が流れ出す電極。(⟷正極)
p.33　　　　p.26

副作用
薬品が本来の薬理作用とは別に起こす好ましくない作用。(⟷薬理
p.47
作用)

不対電子
原子の電子式において，対になってい
p.33
ない電子のこと。共有結合を形成する
p.14
ときに重要な役割を担う。

Ö　　　　 :F:　　　 :C

・不対電子

フッ化水素 HF
《性質》 ①常温で無色の気体または液体。
沸点 20℃
②水に溶けてフッ化水素酸となる。
p.40

フッ化水素酸
HF の水溶液。
フッ化水素
《性質》 ①分子どうしが水素結合するため，弱酸である。
p.26　　　　　　p.22
②ガラスを溶かす。
SiO_2 を成分として含む

物質量
物質を構成する粒子(原子・分子・イオン)などを 6.0×10^{23} 個の
詳しい値は 6.022×10^{23}
集団を 1 単位として表した物質の量。単位は mol。
モル

☐	フッ素 $_9$F		《元素》 17族の非金属元素(ハロゲン元素)。 p.39 p.38 《単体 F_2》 ①淡黄色で特異臭の気体。有毒。 ②非常に酸化力が強く，単離・保存は難しい。 $F_2 + 2e^- \longrightarrow 2F^-$ フッ化物イオン
☐	沸点		液体が沸騰する温度のこと。常圧で水の沸点はおよそ100℃である。 正確には1気圧で99.974℃
☐	沸騰		液体→気体への状態変化が，その液体の表面だけでなく内部からも激しく起こる現象。 p.24
☐	沸騰石		蒸留などで液体を加熱する際，突沸を防ぐために液体中に入れておく素焼きの小片などのこと。 p.35
☐	物理変化		結合の組みかえが起きない変化のこと。状態変化や物質の溶解などがその例である。(⟷化学変化) p.24 p.48 p.11
☐	不動態		金属の表面に酸化被膜などができることによって，反応がそれ以上進まなくなる状態。 参 アルマイト p.4
☐	フラーレン		Cの同素体の一つ。サッカーボールのような 炭素 立体構造をもち，分子式 C_{60} や C_{70} などで表されるものが存在する。

☐	プルースト		(J. L. プルースト, 1754～1826年, フランス) 定比例の法則を発表した。 p.32
☐	ブレンステッド・ローリーの定義		『酸とは H^+ を他に与える物質であり，塩基とは H^+ を他から受け p.19 水素イオン p.8 取る物質である。』という定義。
☐	分子間力		分子間にはたらく引力のこと。ファンデルワールス力，極性分子 p.40 の間にはたらく静電気力，水素結合などがある。一般に，分子間 p.26 p.26 力が大きいと，融点や沸点は高くなる。 p.47 p.41

ふ

41

- ☐ 分子結晶(ぶんしけっしょう)
  分子が，分子間力で引きあって形成された結晶のこと。一般に，やわらかく融点が低い。CO_2（二酸化炭素）や I_2（ヨウ素）などの無極性分子からなるものは，特に分子間力が小さいので，昇華するものもある。

- ☐ 分子式(ぶんししき)
  CO_2（二酸化炭素）や O_2（酸素）などの分子を表す化学式。

- ☐ 分子説(ぶんしせつ)
  （アボガドロ，1811年）『気体は，いくつかの原子が結合した「分子」という粒子からできていて，同じ温度と同じ圧力では，同じ体積の中に同数の分子が含まれ，分子が反応するときは原子に分かれることができる。』という仮説。

- ☐ 分子の極性(ぶんしのきょくせい)
  分子全体の電荷のかたよりのこと。結合の極性があっても分子全体で打ち消しあうこともあるため，分子の構造と密接な関係がある。

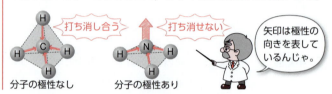

分子の極性なし　　分子の極性あり
矢印は極性の向きを表しているんじゃ。

- ☐ 分子量(ぶんしりょう)
  分子式に含まれる元素の原子量の総和をいう。

- ☐ 分離(ぶんり)
  混合物を，より物質の種類の少ない混合物にしたり，純物質を取り出したりすること。

- ☐ 分留(ぶんりゅう)
  沸点の異なる液体の混合物から，複数の物質を分離すること。例えば，液体空気(空気を冷却して液体にしたもの)を分留すると，空気の成分である O_2（酸素）や N_2（窒素）などを得ることができる。

- ☐ 閉殻(へいかく)
  電子殻がその電子殻に入ることができる最大数の電子で満たされていること。（K殻は2個，L殻は8個，…）

- ☐ ペーパークロマトグラフィー
  ろ紙への吸着度の違いを利用した分離法。クロマトグラフィーの一種。

- ヘキサシアニド鉄(Ⅱ)酸イオン
  $[Fe(CN)_6]^{4-}$

  《構造》 6個のCN^-がFe^{2+}に配位結合
  シアン化物イオン 鉄(Ⅱ)イオン ○p.38
  してできた正八面体の構造をした錯イ
  オン。
  ○p.19
  《性質》 水溶液は淡黄色。

  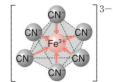

- ヘキサシアニド鉄(Ⅲ)酸イオン
  $[Fe(CN)_6]^{3-}$

  《構造》 6個のCN^-がFe^{3+}に配位結合
  シアン化物イオン 鉄(Ⅲ)イオン ○p.38
  してできた正八面体の構造をした錯イ
  オン。
  ○p.19
  《性質》 水溶液は黄色。

- ヘリウム $_2He$

  18族の非金属元素(貴ガス元素)。
  ○p.39   ○p.13
  《性質》 ①無色・無臭の気体。
  ② H_2に次いで軽い気体で、風船や飛行船に使われる。
  水素

- 変色域

  指示薬の色が変わるpHの範囲。
  ○p.2
  例 フェノールフタレインの変
  色域はpH8.0～9.8。

  〈フェノールフタレインの色の変化〉

ほ

- 放射性同位体

  同位体のうち、原子核が不安定で、自然に放射線を出して別の原
  ○p.35
  子核に変わるもの。(=ラジオアイソトープ)

- 放射能

  放射線を出す性質のこと。

- 飽和溶液

  その温度での溶解度まで溶質が溶けている溶液。これ以上、溶質
  ○p.48   ○p.48
  を溶かすことはできない。

- ボーキサイト

  アルミニウムの原料となる鉱石。ボーキサイトからアルミナを精
  ○p.4
  製し、これを溶融塩電解することで、単体のアルミニウムが得ら
  金属 ○p.49
  れる。

- [ ] ホールピペット | 一定体積の溶液を正確にはかり取るためのガラス器具。先端から標線まで液体を吸いこむと、目的の量をはかり取ることができる。←標線

- [ ] ポリエチレン | エチレンを付加重合して得られる物質。食品の包装やごみ袋などに利用されている合成樹脂(プラスチック)である。
 ○p.8 ○p.40

- [ ] ポリエチレンテレフタラート | ペットボトルなどに利用されている高分子化合物。(＝ PET) エチレングリコールとテレフタル酸を縮合重合してつくられる。
 ○p.23

み

- [ ] 水 H₂O | H₂ の酸化物。
 水素
 《性質》　①常温では無色・無臭の液体。地球上で簡単に固体(氷)・液体(水)・気体(水蒸気)の三態の変化を見ることができる。
 ②水素結合をするため、分子量の割に沸点・融点が異常に高い。
 ○p.26 100℃ 0℃

- [ ] ミセル | 100個程度のセッケン分子が、親水性部分を外側に、疎水性部分を内側に向けて集まってできる球状の粒子のこと。汚れが、このミセルに取りこまれることが、セッケンの洗浄作用のしくみである。

〈セッケン分子〉　〈ミセルの断面〉

- [ ] 未定係数法 | 化学反応式の係数の求め方の一つ。目算法では係数が決まらない複雑な化学反応式に用いる。各化学式の係数を未知数とし、両辺の各原子の数が等しくなるように連立方程式を立てて係数を求める。
 ○p.16 ○p.46

む

- □ 無機物（むきぶつ）
  有機物でない物質のこと。
  ○p.47

- □ 無極性分子（むきょくせいぶんし）
  分子の極性のない分子のこと。○p.42
  結合の極性があっても，分子全体で打ち消しあえば無極性分子となる。CO_2（二酸化炭素）などがその代表である。（⟷極性分子）○p.16
  ○p.14

- □ 無極性溶媒（むきょくせいようばい）
  無極性分子からなる溶媒（ベンゼン，ヘキサンなど）。無極性分子をよく溶かす。（⟷極性溶媒）
  ○p.45 ○p.49
  ○p.14

- □ 無水物（むすいぶつ）
  水和水をもたない化合物。
  ○p.26

め

- □ メスシリンダー
  液体の体積をはかるために最もよく使用される。メスフラスコやホールピペットと比べると，精度は低い。
  ○p.45
  ○p.44
  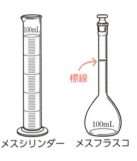
  標線
  メスシリンダー　メスフラスコ

- □ メスフラスコ
  正確な濃度の溶液を調製したり，溶液を正確に希釈したりするために使用するガラス器具。

- □ メタン CH_4
  《性質》　無色・無臭の気体。可燃性。
  《構造》　炭素と水素の化合物で正四面体構造をもつ無極性分子。
  参 分子の極性　○p.45

- □ メチルオレンジ
  酸塩基指示薬の一つ。
  ○p.22
  《変色域》　pH 3.1 ～ 4.4（酸性寄り）
  ○p.43
  《色》　酸性側で赤色，塩基性側では橙黄色。

45

- [ ] メチルレッド 酸塩基指示薬の一つ。
　　　《変色域》 pH 4.2〜6.2（酸性寄り）
　　　《色》 酸性側で赤色，塩基性側では黄色となる。

- [ ] めっき 金属を保護するために，その表面を別の金属で薄く覆ったもの。またはその方法。例 ブリキ，トタン

- [ ] メニスカス 液体を管に注いだときにできる曲がった液面の形状のこと。一般には水のように凹んだ形のメニスカスができ，この量をはかるときは，メスシリンダー，ビュレット，ホールピペット，メスフラスコなどの目盛り線（標線）にメニスカスの下面を合わせる。

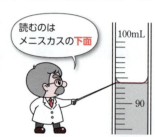

- [ ] 面心立方格子 【発展】 金属の単位格子の構造の一つ（立方最密構造ともいう）。立方体の各面の中心と頂点に原子が位置し，充填率は74％である。

- [ ] メンデレーエフ （D. メンデレーエフ，1834〜1907年，ロシア）当時発見されていた約60種類の元素を分類しようとして，元素の周期律を発見した。これを元に1869年に，元素を，その原子の原子量の順に並べた周期表を発表した。

も

- [ ] 目算法 化学反応式の係数の求め方の一つ。化学反応式中のいずれかの化合物の係数を1として，その他の化学式の係数を求めていく方法。最後には係数が整数になるように調整する。 参 未定係数法

- [ ] モル 物質量の単位でmolと表す。アボガドロ数＝6.0×10^{23}（個）の粒子の集団を1モルという。 詳しくは6.022×10^{23}個

46 用語集

□ モル質量（しつりょう）

物質1mol当たりの質量のこと。原子量（p.17），分子量（p.42），式量（p.21）の数値にg/molをつけた数値となる。

CO_2（二酸化炭素）のモル質量：44g/mol（分子量）

□ モル体積（たいせき）

物質1mol当たりの体積で，単位はL/mol。理想気体（p.49）では，気体の種類を問わず，標準状態（p.39）で22.4L/mol。参 アボガドロの法則（p.3）

□ モル濃度（のうど）

溶液1L当たりに溶けている溶質の量を物質量（p.40）で表す。単位はmol/L。

$$モル濃度〔mol/L〕=\frac{溶質の物質量〔mol〕}{溶液の体積〔L〕}$$

や

□ 薬理作用（やくりさよう）

薬品が示すおもなはたらき。（⟷副作用（p.40））

ゆ

□ 融解（ゆうかい）

固体→液体の状態変化（p.24）のこと。（⟷凝固（p.13））

□ 融解熱（ゆうかいねつ）

物質が融解（p.47）するときに外部から取り入れる熱量のこと。

□ 有機物（ゆうきぶつ）

砂糖・デンプンのような炭素化合物の総称。ただし，C（炭素），CO（一酸化炭素），CO_2（二酸化炭素），炭酸塩，シアン化物（CN^-（シアン化物イオン）を含む物質）などは無機物（p.45）に分類される。

□ 融点（ゆうてん）

固体が融解（p.47）する温度。

よ

□ 陽（よう）イオン

原子（p.16）または原子団（2個以上の原子が結合したもの）が電子（p.33）を放出し，全体としてプラスの電荷（p.32）を帯びたもの。（⟷陰イオン（p.7））

例 Na^+（ナトリウムイオン），NH_4^+（アンモニウムイオン）

め～ゆ

- [ ] 溶液（ようえき）
ある物質（溶質）を他の液体（溶媒）に溶解させたとき，溶質と溶媒が混合して全体が均一になっている液体。

- [ ] 溶解（ようかい）
溶質が溶媒に溶けて，均一な液体（溶液）となる現象。

- [ ] 溶解度（ようかいど）
一定量の溶媒に溶かすことができる溶質の最大限度の質量。固体の溶解度は，溶媒100gに溶解する溶質の質量〔g〕の最大値で表す。溶媒が水のとき，単位はg/100g水。

- [ ] 溶解度曲線（ようかいどきょくせん）
ある物質の温度による溶解度の変化を示した曲線。横軸に温度，縦軸に溶解度をとる。固体では，一般に温度が高いほど溶解度が大きい。

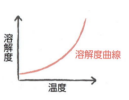

- [ ] ヨウ化カリウム KI
《性質》 ①常温では白色の固体。
②水溶液中で電離して，無色のI^-を生じる。
③還元剤としてはたらき，酸化されるとI_2になる。
$2I^- \longrightarrow I_2 + 2e^-$

- [ ] 溶鉱炉（ようこうろ）
鉄などの製錬に使われる炉。コークスを燃焼させることで発生するCOによって鉄鉱石を還元し，銑鉄を取り出す。
《主な反応》 $Fe_2O_3 + 3CO \longrightarrow 2Fe + 3CO_2$

- [ ] 陽子（ようし）
原子核に存在するプラスの電荷をもつ粒子のこと。陽子と中性子の質量はほぼ等しい。陽子の数を原子番号としているように，陽子の数は元素に固有の数である。

- [ ] 溶質（ようしつ）
食塩水に含まれるNaClのように，溶媒に溶けている物質のこと。

- [ ] 陽性（ようせい）
原子の陽イオンへのなりやすさ。周期表の左下にある元素ほど陽性は強い。（⇔陰性）

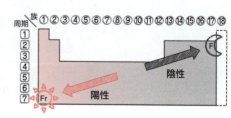

- [ ] ヨウ素 $_{53}$I 《元素》 17族の非金属元素（ハロゲン元素）。
  p.39　p.38
  《単体 I_2》 ①黒紫色の固体。
  ②昇華性があり，紫色の気体になる。
  p.24
  ③デンプン水溶液に加えると，水溶液が青紫色になる。（ヨウ素デンプン反応）

- [ ] 溶媒（ようばい） 水のように，他の物質を溶かす液体。

- [ ] 溶融塩電解（ようゆうえんでんかい） 【発展】 アルミニウムの製造法。Na_3AlF_6（氷晶石）を約1000℃に加熱して融解したものに酸化アルミニウム（アルミナ）を溶かし，炭素電極を用いて電気分解することで，融解状態のアルミニウムを得る。
  p.47　p.4

ら

- [ ] ラジオアイソトープ ＝放射性同位体。
  p.43

- [ ] ラボアジエ （A. ラボアジエ，1743～1794年，フランス）パリに生まれ，燃焼が酸素との化学反応（酸化反応）であることを実証。精密な天秤を用いて質量保存の法則を発見した。
  p.19　p.22

り

- [ ] リービッヒ冷却器（れいきゃくき） 二重の筒状になったガラス製の冷却器で，蒸留に用いる。
  p.24

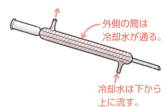
外側の筒は冷却水が通る。
冷却水は下から上に流す。

よ〜り

49

- [ ] リチウム ₃Li

  1族の典型金属元素(アルカリ金属元素)。
  《単体 Li》 冷水と反応して水素を発生するため,灯油中に保存する。

- [ ] 硫酸 H₂SO₄

  粘性のある無色・透明の液体。不揮発性の酸であり,水溶液は,濃いものを濃硫酸(濃度90%以上),薄いものを希硫酸という。
  《性質》 ①希硫酸は2価の強酸で,水素よりイオン化傾向の大きな金属を溶かす。
  ②希硫酸には酸化力がないので,酸化還元反応のH⁺を供給する物質として使用される。
  ③熱濃硫酸(熱した濃硫酸)には酸化力があり,CuやAgを溶かす。

- [ ] 硫酸水素ナトリウム NaHSO₄

  酸性塩で水に溶けやすく,水溶液は酸性。
  NaHSO₄ ⟶ Na⁺ + HSO₄⁻
  HSO₄⁻ ⇌ H⁺ + SO₄²⁻

- [ ] 硫酸ナトリウム Na₂SO₄

  正塩で水に溶けやすく,水溶液は中性。
  Na₂SO₄ ⟶ 2Na⁺ + SO₄²⁻

- [ ] 両性金属 発展

  単体が酸の水溶液にも強塩基の水溶液にも反応してそれぞれ塩をつくる金属。 例 Al, Zn, Sn, Pb

- [ ] 両性酸化物 発展

  酸・強塩基のいずれの水溶液とも反応する酸化物。 例 Al₂O₃, ZnO

- [ ] リン ₁₅P

  《元素》 15族の非金属元素。N, Kとともに肥料の三要素とよばれる。
  《単体》 ①黄リン,赤リンの同素体がある。
  ②空気中で燃やすと白色の固体P₄O₁₀が得られる。P₄O₁₀には強い吸湿性があるため,乾燥剤に用いられる。

- [ ] リン酸 H₃PO₄

  《性質》 ①純粋な無水リン酸は常温で白色の固体。

  ②3価の弱酸。中程度の酸ともいわれる。

  ③Pの単体を空気中で燃やすとできるP₄O₁₀を水に加えて加熱してつくられる。

  $$P_4O_{10} + 6H_2O \longrightarrow 4H_3PO_4$$

ろ

- [ ] ろ液

  ろ過をした際にろ紙を通過した液体。

- [ ] ろ過

  ろ紙などを使って，液体と固体の混合物から固体（不溶物）と液体に分離する操作。

〈ろ過〉

- [ ] 緑青

  Cuを湿った空気中に長時間放置した際に生じる緑色のさび。

- [ ] ろ紙

  紙でできたフィルター（ふるい）のことで，ろ過の際に用いる。目の粗さがさまざまなものが市販されていて，目が粗いほどろ過の速度が速く，目が細かいほど細かな粒子を捕えることができる。

- [ ] 六方最密構造 〈発展〉

  金属の単位格子の構造の一つ。図の位置に原子が存在し，図の六角柱の$\frac{1}{3}$の部分が単位格子である。充填率は74%。

  この部分が単位格子

次のページからはチェックリストじゃ。
学習内容を確認しよう。

チェックリスト

〔 〕内の文字は**赤い透明下敷き**などがあれば，隠すことができます。

第1章　物質の構成

☐ **物質の分類**　物質を分類するときは，まず化学式で書き，含まれる物質の数と，各物質に含まれる元素の数に着目する。

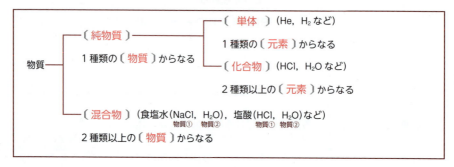

☐ **同素体**　同素体をもつ代表的な元素：S，C，O，P をおさえよう。
　　　　　　　　　　　　　　　　　　　硫黄　炭素　酸素　リン

元素	S	C	O	P
同素体	〔斜方硫黄〕常温で最も安定　〔単斜硫黄〕針状の結晶　〔ゴム状硫黄〕ゴムに似た弾性がある	〔黒鉛〕薄くはがれやすい　〔ダイヤモンド〕無色透明できわめて硬い　〔フラーレン〕球状の分子　〔カーボンナノチューブ〕筒状の分子	〔酸素〕無色・無臭の気体　〔オゾン〕淡青色・特異臭の気体	〔黄リン〕空気中で自然発火，猛毒　〔赤リン〕化学的に安定

☐ **同素体の代表的な性質**

元素	同素体	相対的なかたさ	電気伝導性の有無
C 炭素	黒鉛	〔やわらかい〕	〔あり〕
	ダイヤモンド	〔かたい〕	〔なし〕

元素	同素体	自然発火	保存場所
P リン	黄リン	〔する〕	〔水中に保存〕
	赤リン	〔しない〕	〔空気中で保存〕

☐ **炎色反応**　ある元素を含んだ化合物や水溶液を白金線の先に浸し，炎の中に入れると，それぞれ元素に特有の色を示す。

元素	Li リチウム	Na ナトリウム	K カリウム	Ca カルシウム	Sr ストロンチウム	Ba バリウム	Cu 銅
色	〔赤〕	〔黄〕	〔赤紫〕	〔橙赤〕	〔紅〕	〔黄緑〕	〔青緑〕

チェックリスト

蒸留装置

蒸留装置の組み立て方には，覚えておきたい五つのポイントがある。

① 〔 突沸 〕を防ぐために〔 沸騰石 〕を入れる。
② 液量はフラスコの容量の半分以下にする。
③ 〔 温度計 〕の先はフラスコの枝分かれの付け根付近にする。
④ 冷却水は〔 下 〕から〔 上 〕に流す。
⑤ 受け器は〔 密栓 〕しない。

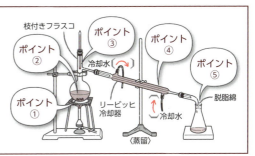

絶対温度 T〔K〕とセルシウス温度 t〔℃〕

$$T\text{〔K〕} = t\text{〔℃〕} + 〔 273 〕$$
絶対温度　セルシウス温度

状態変化と熱の出入り

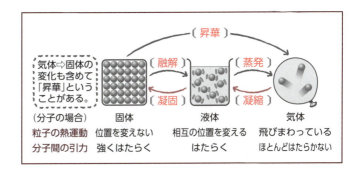

原子の構造

第1章　物質の構成　53

原子の中の粒子の数

原子番号 ＝ 〔 陽子 〕の数
質量数 ＝ 陽子の数 ＋ 〔 中性子 〕の数
陽子の数 ＝ 〔 電子 〕の数 （原子が電気的に中性であることを意味する）

同位体

同位体は〔 原子番号 〕（＝陽子の数＝電子の数）は同じで，中性子の数と〔 質量数 〕が異なる。

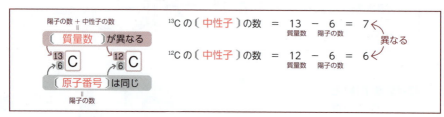

電子殻と周期表（典型元素）

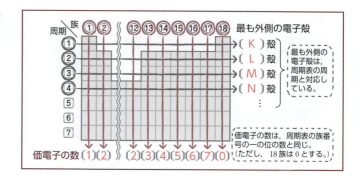

原子のイオン化と周期表（典型元素）

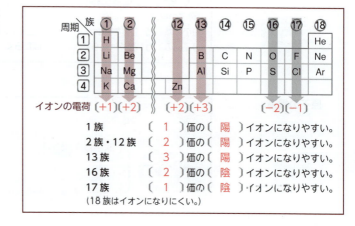

1族　　　　〔 1 〕価の〔 陽 〕イオンになりやすい。
2族・12族　〔 2 〕価の〔 陽 〕イオンになりやすい。
13族　　　 〔 3 〕価の〔 陽 〕イオンになりやすい。
16族　　　 〔 2 〕価の〔 陰 〕イオンになりやすい。
17族　　　 〔 1 〕価の〔 陰 〕イオンになりやすい。
（18族はイオンになりにくい。）

☐ **電子配置** 　　電子配置を見て原子やイオンの種類がわかるようになろう。

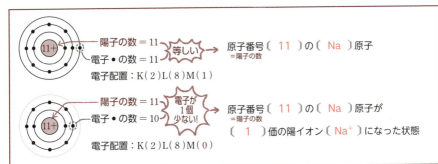

☐ **図で見るイオン化エネルギーと電子親和力の違い** 　原子から(1個の)電子を取り去って,(1価の)陽イオンにするのに必要なエネルギーを〔 (第一)イオン化エネルギー 〕,原子が電子1個を受け取って1価の陰イオンになるときに放出されるエネルギーを〔 電子親和力 〕という。

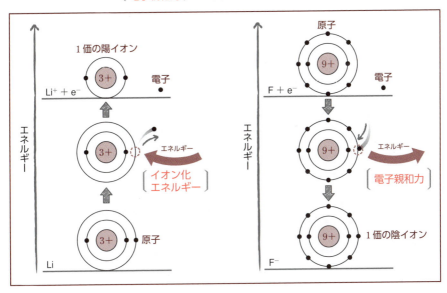

第1章　物質の構成

多原子イオン

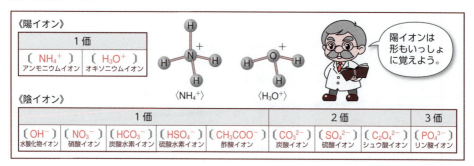

周期律とグラフ

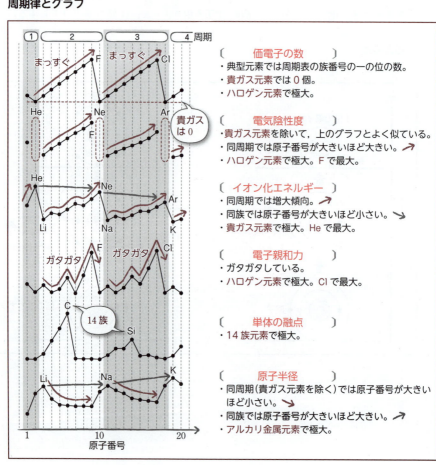

周期表からわかること

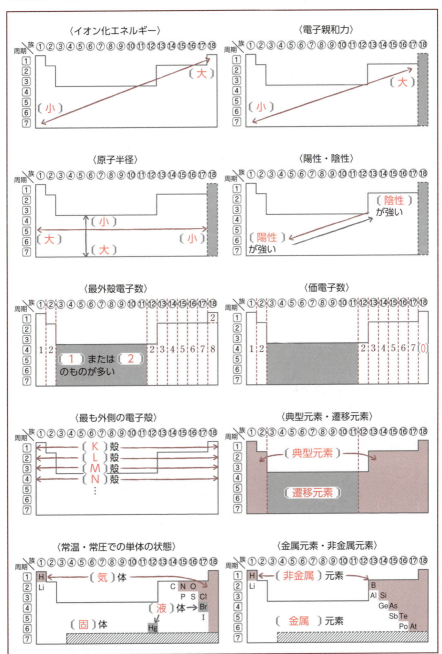

第2章　粒子の結合

☐ 化学結合

一般に，二つの原子の〔 電気陰性度 〕の差が小さい場合は〔 共有 〕結合，大きい場合は〔 イオン 〕結合をする。

原子の組合せ	一般的な化学結合
非金属元素どうし	〔 共有 〕結合
非金属元素　金属元素	〔 イオン 〕結合
金属元素どうし	〔 金属 〕結合

例外　NH₄Cl のように NH₄ を含むものは，陽イオンであるアンモニウムイオン NH₄⁺ と陰イオンとのイオン結合である。

☐ 原子の電子式

最外殻電子 • を上下左右の4か所に4個目まではペアにせず，5個目からはペアにして書く。

※典型元素では，最外殻電子の数＝周期表の族番号の一の位の数

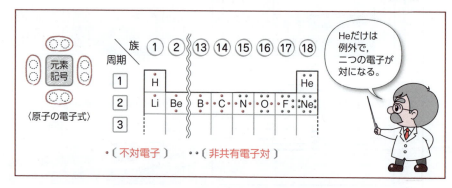

•〔 不対電子 〕　　••〔 非共有電子対 〕

☐ 分子の電子式

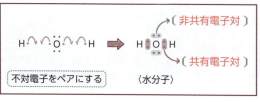

分子の構造式

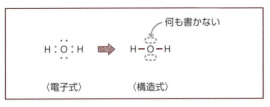

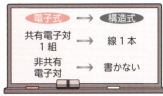

発展 分子の形

中心原子に結合した原子の数と，中心原子の非共有電子対の合計で分子の形が推測できる。合計が2のときは直線形，3のときは三角形，4のときは四面体形である。

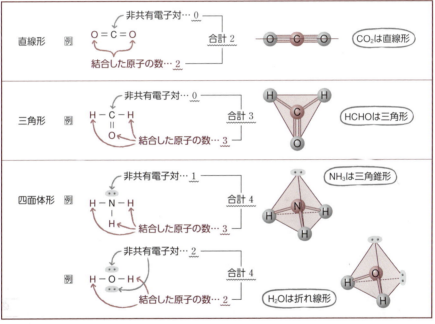

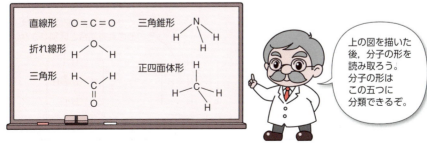

上の図を描いた後，分子の形を読み取ろう。分子の形はこの五つに分類できるぞ。

☐ **二原子分子の極性**　以下のように分子式で判断できる。

> CO など，2種類の元素からなる分子 ⟶ 〔 極性 〕分子
> O_2 など，1種類の元素からなる分子 ⟶ 〔 無極性 〕分子

☐ **多原子分子の極性**　結合の極性 ⟶ を打ち消しあうかどうかを形から判断する。
　（三原子以上）

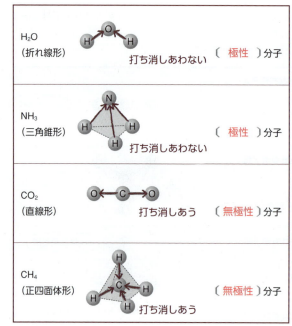

多原子分子のときは，形まで考える必要があるぞ。

☐ **配位結合の生じるしくみ**　分子や陰イオンに含まれる原子がもつ〔 非共有電子対 〕を，他の原子と共有してできる。

新しくできた結合（配位結合）は，その他の共有結合と区別できない。

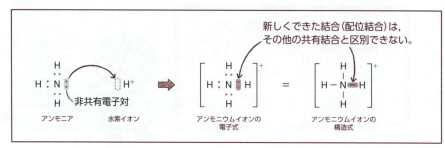

発展 錯イオンの名称　錯イオンは，次のように名称をつける。

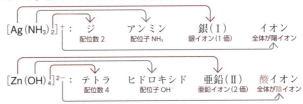

金属イオン	配位子	配位数	化学式	名称
Ag^+	NH_3	(2)	($[Ag(NH_3)_2]^+$)	(ジアンミン銀(Ⅰ)イオン)
Zn^{2+}	NH_3	(4)	($[Zn(NH_3)_4]^{2+}$)	(テトラアンミン亜鉛(Ⅱ)イオン)
Cu^{2+}		(4)	($[Cu(NH_3)_4]^{2+}$)	(テトラアンミン銅(Ⅱ)イオン)
Al^{3+}	OH^-	4	$[Al(OH)_4]^-$	(テトラヒドロキシドアルミン酸イオン)
Zn^{2+}		4	$[Zn(OH)_4]^{2-}$	(テトラヒドロキシド亜鉛(Ⅱ)酸イオン)
Fe^{2+}	CN^-	(6)	($[Fe(CN)_6]^{4-}$)	(ヘキサシアニド鉄(Ⅱ)酸イオン)
Fe^{3+}		(6)	($[Fe(CN)_6]^{3-}$)	(ヘキサシアニド鉄(Ⅲ)酸イオン)

配位子	名称
H_2O	(アクア)
NH_3	(アンミン)
CN^-	(シアニド)
OH^-	(ヒドロキシド)
Cl^-	(クロリド)

配位数	名称
1	(モノ)
2	(ジ)
3	(トリ)
4	(テトラ)
5	(ペンタ)
6	(ヘキサ)

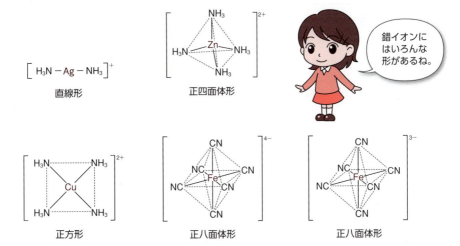

錯イオンにはいろんな形があるね。

第2章　粒子の結合

化学結合の強弱（発展 水素結合）

〔 共有 〕結合 ＞ 〔 イオン 〕結合，〔 金属 〕結合 ≫ 〔 水素 〕結合 ≫ その他の〔 分子間力 〕

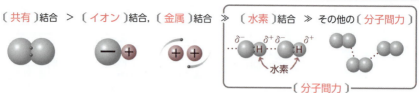

発展 分子間力（分子間の引力）

分子間力は分子間にはたらく比較的弱い引力の総称で，水素結合以外に，ファンデルワールス力や，極性分子間にはたらく静電気力が含まれる。分子間力が大きいほど，融点・沸点は〔 高 〕い。

融点・沸点の比較	理由
H₂O 〔 ＞ 〕H₂S	分子間に〔 水素結合 〕を生じる物質のほうが，分子間力が大きい。この結合は〔 電気陰性度 〕の大きな F, O, N 原子の間に，H 原子が挟まれてできる。（HF，NH₃ も同様に分子間力が大きい。） 4.0 3.4 3.0
F₂ 〔 ＜ 〕Cl₂ 分子量38　分子量71	似た形の無極性分子からなる物質は，分子量が〔 大きい 〕ほど分子間力（ファンデルワールス力）が大きい。
NH₃ 〔 ＞ 〕CH₄	同じくらいの分子量をもつ物質を比べると，〔 極性 〕分子からなる物質のほうが，静電気力がはたらき，分子間力が大きい。

結晶の種類と比較

結晶の種類	イオン結晶	金属結晶	分子結晶	共有結合結晶
結合の種類	〔 イオン結合 〕	〔 金属結合 〕	分子内:〔 共有結合 〕 分子間:〔 分子間力 〕	〔 共有結合 〕
構成粒子	陽イオン・陰イオン	原子・自由電子	分子	原子
構成元素	〔 金属元素 〕と〔 非金属元素 〕	〔 金属元素 〕	〔 非金属元素 〕	〔 非金属元素 〕
融点	高い	やや高い	低い 昇華するものもある。	極めて高い
電気伝導性	〔 なし 〕	〔 あり 〕	〔 なし 〕	〔 なし 〕 例外 黒鉛
化学式	〔 組成式 〕	〔 組成式 〕	〔 分子式 〕	〔 組成式 〕
その他	電気伝導性はないが，〔 融解 〕したり，〔 水溶液 〕にしたりすると電気伝導性をもつ。	価電子が〔 自由電子 〕となって，原子どうしを結びつけている。	昇華性の物質の例〔 二酸化炭素 〕，〔 ヨウ素 〕，ナフタレン	代表例〔 ダイヤモンド 〕，〔 黒鉛 〕，〔 二酸化ケイ素 〕

第3章　物質量と化学反応式

☐ **原子の相対質量**　$^{12}_{6}C$ 原子1個の質量を〔 12 〕とし，それを基準に他の原子の質量を表した相対値。単位は〔 なし 〕。

	$^{12}_{6}C$	$^{1}_{1}H$	$^{2}_{1}H$	
原子核	● 陽子　● 中性子			
質量数	12	1	2	
質量の比	12 :	1.0 :	2.0	←ほぼ質量数の比と同じ。
	‖	‖	‖	
相対質量	〔 12 〕	〔 1.0 〕	〔 2.0 〕	
1 mol の質量〔g〕	〔 12g 〕	〔 1.0g 〕	〔 2.0g 〕	

☐ **原子量**　同位体の相対質量と存在比から求めた元素の相対質量の平均値。ある元素を1mol分集めたときの質量〔g〕にあたる。単位は〔 なし 〕。

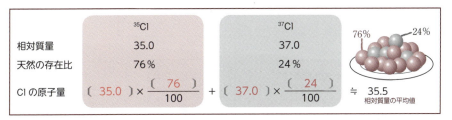

	^{35}Cl	^{37}Cl
相対質量	35.0	37.0
天然の存在比	76%	24%
Clの原子量	〔 35.0 〕× $\frac{〔76〕}{100}$ + 〔 37.0 〕× $\frac{〔24〕}{100}$ ≒ 35.5 相対質量の平均値	

☐ **分子量**　〔 分子 〕を構成する元素の原子量の総和。

H₂Oの分子量 = Ｈの原子量×2 + Ｏの原子量 =〔 18 〕
　　　　　　　　　1.0　　　　　　　16

どっちも重さは同じ！

☐ **式量**　イオン式や組成式に含まれる元素の原子量の総和。

NaClの式量 = Ｎaの原子量 + Ｃlの原子量 =〔 58.5 〕
　　　　　　　23.0　　　　　35.5

物質1molの質量
物質1molの質量は，構成する原子1molの質量の和に等しい。

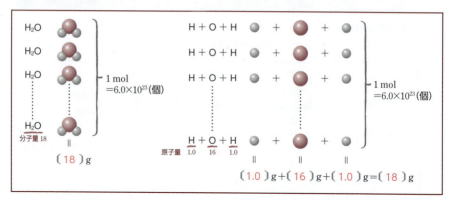

物質1molの量

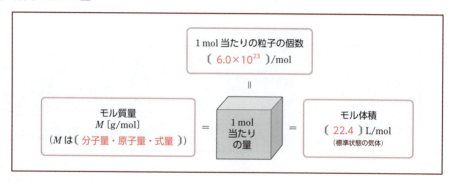

物質量の求め方

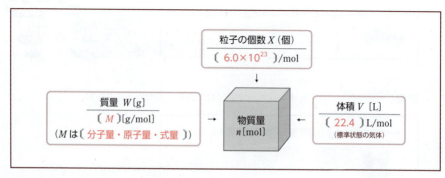

溶解性

一般に，極性分子やイオン結晶は〔 極性溶媒 〕によく溶け，無極性分子は〔 無極性溶媒 〕によく溶ける。

溶媒＼溶質	イオン結晶	極性分子	無極性分子
水（極性溶媒）	〔 ○ 〕	〔 ○ 〕	〔 × 〕
ヘキサン（無極性溶媒）	〔 × 〕	〔 × 〕	〔 ○ 〕

固体の溶解度

固体の溶解度は，一般に温度が〔 高く 〕なると大きくなる。

右のような図を〔 溶解度曲線 〕といい，溶解度の〔 温度 〕による変化を表している。
この溶解度の差を利用して，高温の飽和溶液を冷却して結晶を析出させる操作を〔 再結晶 〕といい，温度による溶解度の差が〔 大きい 〕物質ほど適している。

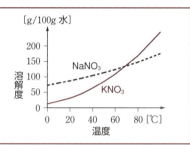

溶液の濃度

濃度を表すには，おもに二つの方法がある。

定義と求め方
質量パーセント濃度〔%〕 = $\dfrac{〔溶質〕の質量〔g〕}{〔溶液〕の質量〔g〕}$ × 100 %   溶質の質量＋溶媒の質量
モル濃度〔mol/L〕 = $\dfrac{〔溶質〕の物質量〔mol〕}{〔溶液〕の体積〔L〕}$

下の表の値を当てはめると，質量パーセント濃度は $\dfrac{100a}{a+b}$ %

モル濃度は $\dfrac{1000a}{ZM_1}$ 〔mol/L〕と計算できるね。

	溶質	溶媒	溶液
質量	a〔g〕 ＋	b〔g〕 ＝	〔 $a+b$ 〕〔g〕
モル質量	÷ M_1〔g/mol〕	÷ M_2〔g/mol〕	
物質量	〔 $\dfrac{a}{M_1}$ 〕〔mol〕	〔 $\dfrac{b}{M_2}$ 〕〔mol〕	
体積	X〔mL〕	Y〔mL〕	Z〔mL〕 = $\dfrac{Z}{1000}$〔L〕 ≠$X+Y$ Zは実測の値

溶液の体積は，溶質と溶媒の体積からは求められないから注意が必要じゃ。

第3章　物質量と化学反応式

☐ 1.0 mol/L の塩化ナトリウム水溶液を調製する手順

① 0.10 mol（5.85 g）の塩化ナトリウムをはかり取り，少量の水に溶かす。
② 純粋な水ですすぎながら，溶液を 100 mL メスフラスコに移す。
③ 純粋な水を標線まで注いで，ちょうど 100 mL にする。

☐ 化学反応式の量的関係

	化学反応式	N_2	+	（ 3 ）H_2	→	（ 2 ）NH_3
N_2 を 1mol としたとき	物質量の関係	1mol		（ 3 ）mol		（ 2 ）mol
	分子数の関係	6.0×10^{23}		（ 3 ）$\times 6.0 \times 10^{23}$		（ 2 ）$\times 6.0 \times 10^{23}$
	気体の体積の関係 （ ）は標準状態での体積	1体積(22.4L)		3体積(3×22.4L)		2体積(2×22.4L)
	質量の関係 （質量保存の法則）	28 g N_2の分子量g	+	（ 3 ）$\times 2.0$ g $(3 \times H_2$の分子量)g	=	（ 2 ）$\times 17$ g $(2 \times NH_3$の分子量)g

☐ 化学の基礎法則

（ 質量保存 ）の法則 （ラボアジエ）	化学反応の前後で，物質全体の質量の総和は変わらない。 例　水素 2.0 g と酸素 16.0 g が結合して水 18.0 g を生じる。
（ 定比例 ）の法則 （プルースト）	化合物中の成分元素の比は一定である。 例　水 H_2O 中の H と O の質量比は常に H：O = 1：8 である。
（ 倍数比例 ）の法則 （ドルトン）	元素 A と B とからなる化合物が 2 種類以上存在するとき，一方の元素の一定量と結合する他方の元素の質量の比は，化合物どうしで簡単な整数比になる。 例　H と O からなる H_2O と H_2O_2　H の質量を 1 としたときの O の質量はそれぞれ以下のようになる。 H_2O　H：O = 1：8　｝水素の一定量に対する酸素の質量比 H_2O_2　H：O = 1：16　　8：16 = 1：2
（ 気体反応 ）の法則 （ゲーリュサック）	反応に関係する同温・同圧の気体の体積の比は，簡単な整数比になる。 例　$N_2 + 3H_2 \longrightarrow 2NH_3$　体積比は N_2：H_2：NH_3 = 1：3：2
（ アボガドロ ）の法則 （アボガドロの）分子説	すべての気体は同温・同圧・同体積中に，同数の分子を含む。

第4章 酸と塩基の反応

□ アレーニウスの酸と塩基の定義

この定義では、酸・塩基は水に溶けたときの性質によって分類される。

酸	水に溶けると〔 水素 〕イオン(または〔 オキソニウム 〕イオン)を生じる物質。 例 HCl ⟶ 〔 H 〕⁺ + 〔 Cl 〕⁻ または HCl + H₂O ⟶ 〔 H₃O 〕⁺ + 〔 Cl 〕⁻
塩基	水に溶けると〔 水酸化物 〕イオンを生じる物質。 例 NaOH ⟶ 〔 Na 〕⁺ + 〔 OH 〕⁻ NH₃ + H₂O ⟶ 〔 NH₄ 〕⁺ + 〔 OH 〕⁻

□ ブレンステッド・ローリーの酸と塩基の定義

この定義では、物質どうしがどのような反応をするかによって、酸と塩基を判断する。そのため、水は酸にも塩基にもなりうる。

酸	〔 水素イオン 〕を〔 与える 〕ことができる物質。
塩基	〔 水素イオン 〕を〔 受け取る 〕ことができる物質。
反応の例	CH₃COOH + H₂O ⟶ CH₃COO⁻ + H₃O⁺ 酸〔 CH₃COOH 〕, 塩基〔 H₂O 〕 （酸から塩基へ H⁺） NH₃ + H₂O ⟶ NH₄⁺ + OH⁻ 酸〔 H₂O 〕, 塩基〔 NH₃ 〕 （酸から塩基へ H⁺）

□ 水溶液中の[H⁺], [OH⁻]の求め方

水素イオン濃度[H⁺]	[H⁺]＝酸の〔 価数 〕× 酸の濃度 ×〔 電離度 〕 例 0.01 mol/L の酢酸(電離度 0.05)の水素イオン濃度は、 [H⁺]＝〔 1 〕×〔 0.01 〕mol/L × 0.05 ＝ 5 × 10⁻⁴ mol/L
水酸化物イオン濃度[OH⁻]	[OH⁻]＝塩基の〔 価数 〕× 塩基の濃度 ×〔 電離度 〕

□ 発展 水のイオン積

一定温度において、水のイオン積[H⁺][OH⁻]は一定の値を示す。25℃では、〔 1.0×10^{-14} 〕mol²/L² である。

[OH⁻] (mol/L)	[H⁺] (mol/L)	pH
1 × 10⁻¹ mol/L	〔 1 × 10⁻¹³ 〕mol/L	〔 13 〕
1 × 10⁻³ mol/L	〔 1 × 10⁻¹¹ 〕mol/L	〔 11 〕
1 × 10⁻⁵ mol/L	〔 1 × 10⁻⁹ 〕mol/L	〔 9 〕

このルールを覚えておくと、塩基性の水溶液のpHもわかるね。

☐ pH

[H$^+$] = 1×10^{-n} のとき，pH = (n) となる。

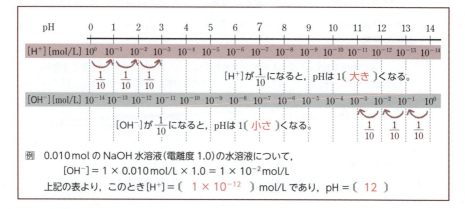

例　0.010 mol の NaOH 水溶液（電離度 1.0）の水溶液について，
　　[OH$^-$] = 1×0.010 mol/L $\times 1.0 = 1 \times 10^{-2}$ mol/L
　　上記の表より，このとき [H$^+$] = (1×10^{-12}) mol/L であり，pH = (12)

☐ 水溶液の液性

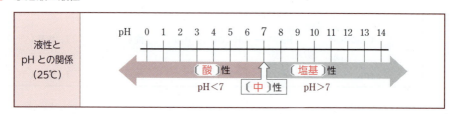

☐ 中和反応

酸の H$^+$ と塩基の OH$^-$ が反応して (水) になり，酸の性質や塩基の性質が打ち消される反応を (中和) 反応という。

NH$_3$ + HCl → NH$_4$Cl のように，水ができない反応もあるよ。

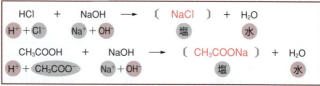

☐ 中和反応の量的関係

酸・塩基の強弱は関係ない！

酸から生じる (H$^+$) の物質量 = 塩基から生じる (OH$^-$) の物質量

a (価) $\times c$ (mol/L) $\times \dfrac{V}{1000}$ (L) = b (価) $\times c'$ (mol/L) $\times \dfrac{V}{1000}$ (L)

酸の価数　酸の濃度　水溶液の体積　　塩基の価数　塩基の濃度　水溶液の体積

　　　　酸の物質量　　　　　　　　　　塩基の物質量

68　チェックリスト

中和滴定で使用するガラス器具

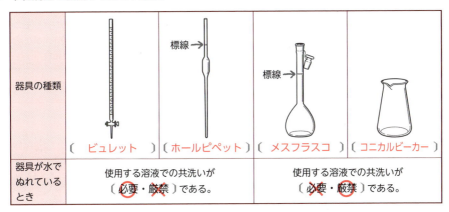

器具の種類	（ ビュレット ）	（ ホールピペット ）	（ メスフラスコ ）	（ コニカルビーカー ）
器具が水でぬれているとき	使用する溶液での共洗いが（ 必要・~~厳禁~~ ）である。	使用する溶液での共洗いが（ 必要・~~厳禁~~ ）である。	使用する溶液での共洗いが（ ~~必要~~・厳禁 ）である。	使用する溶液での共洗いが（ ~~必要~~・厳禁 ）である。

塩の分類

（ 正塩 ）	もとの酸の H も塩基の OH も化学式中に残っていない塩。	例 NaCl
（ 酸性塩 ）	もとの酸の H が化学式中に残っている塩。	例 NaHCO₃
（ 塩基性塩 ）	もとの塩基の OH が化学式中に残っている塩。	例 MgCl(OH)

正塩の水溶液の性質

（ 中 ）性	強酸と強塩基からなる正塩。	例 NaCl（NaOH と HCl からなる）
（ 酸 ）性	強酸と弱塩基からなる正塩。	例 NH₄Cl（NH₃ と HCl からなる）
（ 塩基 ）性	弱酸と強塩基からなる正塩。	例 CH₃COONa（CH₃COOH と NaOH からなる）

指示薬と色の変化

指示薬			
（ フェノールフタレイン ）	（ 無 ）色	8.0 ～ 9.8	（ 赤 ）色
（ メチルオレンジ ）	（ 赤 ）色 3.1 ～ 4.4		橙黄色
（ ブロモチモールブルー（BTB） ）	（ 黄 ）色	6.0 （ 緑 ）色 7.6	（ 青 ）色

□ は指示薬の変色するpH（変色域）を示す。

第 4 章 酸と塩基の反応

滴定曲線と適切な指示薬

滴定の種類	0.1 mol/L の塩酸 10 mL を 0.1 mol/L の水酸化ナトリウム水溶液で滴定した場合	0.1 mol/L の酢酸 10 mL を 0.1 mol/L の水酸化ナトリウム水溶液で滴定した場合	0.1 mol/L のアンモニア水 10 mL を 0.1 mol/L の塩酸で滴定した場合
酸・塩基の組合せ	強酸－強塩基	弱酸－強塩基	弱塩基－強酸
滴定曲線と指示薬の色の変化	〔赤〕色 中和点 〔無〕色 〔橙黄〕色 〔赤〕色	〔赤〕色 〔無〕色	〔橙黄〕色 〔赤〕色
中和点の位置	中性付近(pH ≒ 7)	塩基性側(pH > 7)	酸性側(pH < 7)
適切な指示薬	〔フェノールフタレイン・メチルオレンジ〕	〔フェノールフタレイン・メチルオレンジ✗〕	〔フェノールフタレイン✗・メチルオレンジ〕

第5章　酸化還元反応

酸化還元反応で起こること

	酸化される物質	還元される物質	反応例
	〔O〕原子を受け取る	〔O〕原子を失う	$H_2 + CuO \longrightarrow H_2O + Cu$
	〔H〕原子を失う	〔H〕原子を受け取る	$H_2S + Cl_2 \longrightarrow S + 2HCl$
	電子を〔失う〕	電子を〔受け取る〕	$2Cu \longrightarrow 2Cu^{2+} + 4e^-$ $O_2 + 4e^- \longrightarrow 2O^{2-}$ }$2Cu + O_2 \longrightarrow 2CuO$
	酸化数が〔増加〕する	酸化数が〔減少〕する	$2Cu + O_2 \longrightarrow 2CuO$ 　0　　0　　+2 −2

酸化剤と還元剤

酸化剤	還元剤
相手の物質から電子を奪うはたらきを示す反応式中では，電子が〔左辺〕にある 自身は〔還元〕される (酸化数が〔減少〕する原子を含む)	相手の物質に電子を与えるはたらきを示す反応式中では，電子が〔右辺〕にある 自身は〔酸化〕される (酸化数が〔増加〕する原子を含む)

酸化数の求め方

①単体中の原子の酸化数は〔 0 〕。	$2MnO_4^- + 5H_2O_2 + 6H^+ \longrightarrow 2Mn^{2+} + 5O_2 + 8H_2O$ 　　　　　　　　　　　　　　　　　　　　　　　[0]
②単原子イオンの酸化数はイオンの〔 電荷 〕と同じ。	$2MnO_4^- + 5H_2O_2 + 6H^+ \longrightarrow 2Mn^{2+} + 5O_2 + 8H_2O$ 　　　　　　　　　　　[+1]　　　　　　[+2]　　　0
③化合物中のHの酸化数は〔 ＋1 〕，Oの酸化数は〔 －2 〕になる(ただしH_2O_2中のOの酸化数は〔 －1 〕)。	$2Mn\mathbf{O_4}^- + 5\mathbf{H_2} \ \mathbf{O_2} + 6H^+ \longrightarrow 2Mn^{2+} + 5O_2 + 8\mathbf{H_2} \ \mathbf{O}$ 　　　[−2]　　[+1][−1]　+1　　　　+2　　　0　　[+1][−2]
④多原子イオンの酸化数の総和は，多原子イオンの〔 電荷 〕と同じ。	$2\mathbf{Mn} \ \mathbf{O_4}^- + 5\mathbf{H_2} \ \mathbf{O_2} + 6H^+ \longrightarrow 2Mn^{2+} + 5O_2 + 8\mathbf{H_2} \ \mathbf{O}$ 　[+7] −2　　+1 −1　　+1　　　　+2　　0　　+1 −2 　　　　　　　　　　　　(Mnの酸化数＋4×(−2)＝−1)
⑤化合物を構成する原子の酸化数の総和は〔 0 〕。	$2\mathbf{Mn} \ \mathbf{O_4}^- + 5\mathbf{H_2} \ \mathbf{O_2} + 6H^+ \longrightarrow 2Mn^{2+} + 5O_2 + 8\mathbf{H_2} \ \mathbf{O}$ 　+7 −2　　+1 −1　　+1　　　　+2　　0　　+1 −2 　　　　　　　総和＝[0]　　　　　　　　　　　　総和＝[0]

よく使う酸化剤・還元剤

	物質	反応式	酸化数の変化
酸化剤	過マンガン酸カリウム $KMnO_4$	MnO_4^- 〔赤紫〕色 $+ 8H^+ + $〔 5 〕$e^-$ $\longrightarrow$ 〔 Mn^{2+} 〕〔無〕色(淡桃色) $+ 4H_2O$	Mn：+7 → 〔 +2 〕
酸化剤	二クロム酸カリウム $K_2Cr_2O_7$	$Cr_2O_7^{2-}$ 〔赤橙〕色 $+ 14H^+ + $〔 6 〕$e^-$ $\longrightarrow 2$〔 Cr^{3+} 〕〔緑〕色 $+ 7H_2O$	Cr：+6 → 〔 +3 〕
酸化剤	過酸化水素 H_2O_2	$H_2O_2 + 2H^+ + $〔 2 〕$e^- \longrightarrow 2$〔 H_2O 〕	O：−1 → 〔 −2 〕
酸化剤	二酸化硫黄 SO_2	$SO_2 + 4H^+ + $〔 4 〕$e^- \longrightarrow$ 〔 S 〕$ + 2H_2O$	S：+4 → 〔 0 〕
還元剤	硫化水素 H_2S	$H_2S \longrightarrow$ 〔 S 〕$ + 2H^+ + $〔 2 〕$e^-$	S：−2 → 〔 0 〕
還元剤	過酸化水素 H_2O_2	$H_2O_2 \longrightarrow$ 〔 O_2 〕$ + 2H^+ + $〔 2 〕$e^-$	O：−1 → 〔 0 〕
還元剤	二酸化硫黄 SO_2	$SO_2 + 2H_2O \longrightarrow$ 〔 SO_4^{2-} 〕$ + 4H^+ + $〔 2 〕$e^-$	S：+4 → 〔 +6 〕

酸化剤と還元剤の反応

酸化剤が相手の物質から奪う〔 電子 〕の数と，還元剤が相手の物質に与える〔 電子 〕の数は等しい。

酸化剤
$SO_2 + 4H^+ + 4e^- \longrightarrow S + 2H_2O \Longrightarrow SO_2 + 4H^+ + 4e^- \longrightarrow S + 2H_2O$
還元剤　　　　　比べる　　　　　　　　　＋) $2H_2S \longrightarrow 2S + 4H^+ + 4e^-$
$H_2S \longrightarrow S + 2H^+ + 2e^-$　式を2倍　　$SO_2 + 2H_2S \longrightarrow 3S + 2H_2O$

数をそろえる

第5章　酸化還元反応　71

☐ **金属のイオン化傾向とイオン化列**　単体の金属が水溶液中で電子を失って陽イオンになろうとする性質を〔 イオン化傾向 〕といい，その性質が大きいものから順に並べたものを〔 イオン化列 〕という。

イオン化列	Li	K	Ca	Na	Mg	Al	Zn	Fe	Ni	Sn	Pb	(H₂)	Cu	Hg	Ag	Pt	Au
乾燥空気との反応	常温で速やかに酸化				加熱により酸化		強熱により酸化								反応しない		
水との反応	常温で反応して水素を発生				高温の水蒸気と反応して水素を発生		反応しない										
酸との反応	塩酸や希硫酸などと反応して水素を発生（生成する $PbCl_2$ や $PbSO_4$ は水に不溶）												硝酸・熱濃硫酸と反応			王水に溶ける	

補足 Al, Fe, Ni はち密な酸化物の被膜をつくるため(不動態)，濃硝酸とは反応しにくい。

チャート式 ® 問題集シリーズ

35日完成！ 大学入学共通テスト対策 化学基礎

編　者　　数研出版編集部
発行者　　星野泰也
発行所　　**数研出版株式会社**
　　　　　〒 101−0052　東京都千代田区神田小川町 2 丁目 3 番地 3
　　　　　　　　　　　　　　　　〔振替〕00140-4-118431
　　　　　〒 604−0861　京都市中京区烏丸通竹屋町上る大倉町 205 番地
　　　　　〔電話〕代表 (075) 231-0161
ホームページ　https://www.chart.co.jp
印　刷　　株式会社 加藤文明社

乱丁本・落丁本はお取り替えいたします。　　　　　　　　　　211003
本書の一部または全部を許可なく複写・複製すること，および本書の解説書，解答書ならびにこれに類するものを無断で作成することを禁じます。

「チャート式」は，登録商標です。